材料科学者のための
量子力学入門

志賀 正幸 著

内田老鶴圃

本書の全部あるいは一部を断わりなく転載または複写(コピー)することは，著作権および出版権の侵害となる場合がありますのでご注意下さい．

序

　従来，材料の研究・開発は経験と勘を頼りにすることが多かったが，最近では，量子力学・統計熱力学を基礎とするミクロな視点での取り組みが欠かせなくなっている．

　著者はこれまでに材料科学を学ぼうとする学部段階の学生を対象として，「材料科学者のための固体物理学入門」，「材料科学者のための固体電子論入門」（いずれも内田老鶴圃刊）を著し，いわゆる物性物理学の入門書として一定の役割を果たしてきたと自負しているが，これらの内容の基礎となる量子力学，統計熱力学については，すでに履修済みとして必要最小限の説明を加えるにとどめていた．量子力学や統計熱力学についてはすでに多くの教科書・参考書が出版されているが，本書はこのうち，量子力学について，材料科学や物性物理学を学ぼうとする読者を対象として，物質中の電子のふるまいを理解するために必要なシュレーディンガー波動方程式を出発点とする項目を中心に書き下ろした入門書である．

　入門書といえども量子力学を理解するには数学の知識が不可欠で避けて通れず，本書でも量子力学の本質を理解するのに必要と思われる数式についてはできるだけ丁寧な説明を試みており，少し煩雑と感じる読者もあろうが，「急がば回れ」ということで理解に努めてほしい．ただ，純粋に数学的な式の展開などは参考書を示すにとどめ，数学公式集に記載されているような関係式などは説明を加えず使っている．

　なお，本書の姉妹編として「材料科学者のための統計熱力学入門」も出版予定で，合わせて読んでいただくと微視的な視点から見た材料科学への理解が深まるものと期待している．

　本書の構成は，第1章では，シュレーディンガー方程式に至る量子力学の発展について解説し，第2章では，自由電子，調和振動子，水素原子など，解析

的にシュレーディンガー方程式が解ける代表的な系についての解を求める．第3章では，運動量や角運動量などの物理量を求める方法について述べる．第4章では，解析的には解けない実際に即した系に対し，そのエネルギーや波動関数を近似的に求める方法である摂動法や変分法の原理や応用について説明する．第5章は，2個以上の電子を含むヘリウム原子や水素分子などの多電子系の取り扱い方を説明し，量子力学特有のパウリの原理や交換相互作用などについての解説もする．最後の第6章では，散乱現象など時間的に変化する系での量子力学の方法について簡単に触れる．

　本書を書くに当たっては，長年京都大学で研究を共にしてきた京都大学大学院工学研究科の中村裕之教授に細部にわたって目を通してもらった．また，本書を刊行するに至ったのは，前著である「磁性入門」や"材料科学者のための物理入門シリーズ"「固体物理学入門」，「固体電子論入門」，「電磁気学入門」を出版していただいた内田老鶴圃の内田学氏の薦めに負うところが大きい．

　2013 年 3 月

志賀 正幸

材料科学者のための物理入門シリーズ

　著者はこれまでに，「材料科学者のための物理入門」シリーズにおいて，①「固体物理学入門」，②「固体電子論入門」，③「電磁気学入門」，④「量子力学入門」，⑤「統計熱力学入門」と計5冊のテキストを内田老鶴圃から出版させてもらっている．このシリーズは「統計熱力学入門」をもって完了とするが，出版社の勧めもあり，これらのテキストの関連や特徴を述べさせていただく．

　本シリーズに共通する特徴は，材料科学，化学，物性物理学など，いわゆる物質科学を学ぼうとしている学生を読者として想定する物理学の入門書ということである．この内「電磁気学入門」を除いては，物質の性質を微視的な観点から理解しようとするもので，読むに当たって前提としているのは，大学前期課程で学ぶ一般物理学，微分積分学，線形代数学などを習得していることである．原稿を書くに当たって著者が常に心がけていることは，分かりやすく，具体的に説明することはもちろんであるが，必要な数式は省略せず，直感的なイメージと数式を一体として理解してもらうことである．

　以下，各テキストの特徴・読み方を説明しておく．

　①は，著者が京都大学工学部物理工学科の2年次の学生を対象に行っていた固体物理学の講義テキストに手を加えたもので，内容を理解するのに必要な量子力学や統計熱力学も簡単に説明しており，教科書として使うことも念頭におき書き下ろした．

　②は，いわば①の続編で，金属のバンド理論を紹介し，これをもとに金属・合金の物性，半導体の性質・機能，さらに物質の磁性や超伝導についても微視的観点から説明しており，やはり著者が材料系の学部学生を対象とした講義テキストに手を加えたものである．

　④，⑤は，①，②を読むに当たって前提としている量子力学と統計熱力学について，独立した科目として学べるよう書き下ろしたものである．この2つの

分野は互いに密接に関連しており，できれば2つまとめて学んでほしい．

　③は，少し趣が異なる．電磁気学は古典物理学の一分野であるが，物質の電気的，磁気的性質を理解するにあたって必須の科目であり，とかく電磁気学を敬遠しがちな材料系の学生が理解しやすいよう心がけ書き下ろした．

　なお，著者の専門分野は磁性物理学で，本シリーズとは別に，内田老鶴圃刊行の材料学シリーズの一環として「磁性入門―スピンから磁石まで―」を出版している．こちらは，材料系の大学院で行っていた磁性物理学の講義テキストに手を加えたもので，物質の磁性やその応用について学ぼうとしている学生・研究者を対象にした入門書である．

志賀 正幸

目　　次

序 …………………………………………………………………………… i
材料科学者のための物理入門シリーズ ………………………………… iii

1 **量子力学の発展** ……………………………………………………… *1*

    1.1　古典物理学の完成と限界　*1*
    1.2　プランクの黒体放射の理論　*2*
    1.3　光電効果による光の粒子説　*3*
    1.4　電子の波動性　*5*
    1.5　ハイゼンベルグの不確定性原理　*5*
      ●実験による検証　*6*
    1.6　水素原子の構造とスペクトル　*7*
      1.6.1　土星モデルと古典物理学の破綻　*7*
      1.6.2　水素原子の光スペクトルの研究　*8*
      1.6.3　ボーアの理論―前期量子力学―　*8*
    1.7　シュレーディンガーの波動方程式　*11*
    1.8　その後の発展　*13*

2 **量子力学の方法Ⅰ―シュレーディンガーの方程式を解く―** ……… *15*

    2.1　固有値と固有関数　*15*
    2.2　$V=0$（自由電子）　*17*
      2.2.1　1次元箱の中の電子　*18*
      2.2.2　有限ポテンシャル箱中の電子　*20*
      2.2.3　3次元箱の中の電子　*25*
      ●閉じ込められた電子の運動エネルギー　*26*

- 2.3 調和振動子　*26*
- 2.4 水素様原子　*31*
  - 2.4.1 極座標系での微分演算子　*32*
  - 2.4.2 極座標系での変数分離と各成分の解　*33*
  - 2.4.3 物理的考察　*40*
  - ●$2p, 3d$ 軌道の実関数表示　*41*
  - ●2 次元振動膜との比較　*42*

3 量子力学の方法 II ―物理量と演算子― ……………… 45

- 3.1 量子力学における運動量　*45*
  - ●数学の復習（固有方程式と固有値）　*46*
- 3.2 自由電子の運動量　*46*
  - 3.2.1 周期的境界条件による自由電子の波動関数　*46*
  - 3.2.2 運動量　*47*
  - 3.2.3 電子の粒子像と不確定性原理　*49*
- 3.3 3 次元自由電子　*50*
  - 3.3.1 エネルギーと運動量　*50*
  - 3.3.2 状態密度　*51*
- 3.4 量子力学における角運動量　*53*
  - 3.4.1 軌道角運動量の演算子　*53*
  - 3.4.2 水素様原子の軌道角運動量　*53*
  - 3.4.3 一般的な角運動量とスピン角運動量　*56*
  - ●電子のスピン角運動量　*58*
  - ●その他の角運動量　*58*
- 3.5 いろいろな表示法　*59*
  - 3.5.1 ブラ・ケット表示　*59*
  - 3.5.2 行列表示　*60*
- 3.6 磁場中でのシュレーディンガー方程式　*62*
  - ●原子の軌道磁気モーメントと内殻電子の反磁性　*64*

4 近似解―摂動法と変分法― ……………………………… *67*

  4.1 固有関数の完全直交性―数学的準備― *67*
  4.2 摂動法 *69*
    4.2.1 縮退がない状態に対する摂動法 *69*
    ●例1 電場中の荷電調和振動子 *73*
    ●例2 水素原子の分極―シュタルク効果― *74*
    ●例3 自由電子系におよぼす周期ポテンシャルの影響―エネルギーギャップの発生― *76*
    4.2.2 縮退がある状態に対する摂動法 *78*
    ●例 軸対称結晶場内での p 波動関数 *80*
  4.3 変分法 *82*
    4.3.1 水素原子の分極 *83*
    4.3.2 水素分子イオン *84*
    4.3.3 1次変分関数による解法 *87*

5 多電子系の取り扱い ……………………………… *91*

  5.1 ヘリウム原子の基底状態 *91*
    5.1.1 電子間相互作用を無視したときの解 *91*
    5.1.2 摂動法による近似 *93*
    5.1.3 変分法による近似 *94*
  5.2 ヘリウム原子の励起状態―電子のスピンとパウリの原理― *96*
    5.2.1 第1励起状態の波動関数 *96*
    5.2.2 2電子系のスピン関数 *98*
    5.2.3 パウリの原理 *100*
  5.3 水素分子 *102*
    5.3.1 波動関数 *104*
    5.3.2 エネルギー準位 *104*
    ●フントの規則と強磁性の原因? *107*

目　次

　　5.4　多電子系の一般式とハートリーおよびハートリー-フォックの
　　　　近似法　*108*
　　　5.4.1　ハートリーの近似　*109*
　　　5.4.2　ハートリー-フォックの近似　*110*

6　状態間遷移—時間を含む摂動論— ……………………………… *113*
　　6.1　時間を含む波動方程式　*113*
　　6.2　水素原子の遷移確率　*114*

付録 A　変数分離法　*117*
付録 B　軌道角運動量の関係式（(3-33)式）の証明　*118*
付録 C　関係式 $S = \lim_{L \to \infty} L^{-1} \int_{-L/2}^{L/2} \exp[i(k'-k)x]\,dx = \delta(k'-k)$ の証明
　　　　120

参　考　書 ………………………………………………………………… *121*
演習問題解答 ……………………………………………………………… *123*

索　　　引 ………………………………………………………………… *129*

第 1 章

量子力学の発展

1.1 古典物理学の完成と限界

18世紀にニュートン力学が確立し，19世紀になってマクスウェルが電磁気学を完成したことにより，いわゆる古典物理学は確固とした基礎が築かれ，極端に言えば，この世のすべての現象はこれらの理論により説明可能と考えられていた時期があった．しかし，19世紀末頃から実験物理学の進歩，原子論の発展などにより，古典物理学では説明できない現象が現れはじめ物理学者の頭を悩ませた．たとえば，光速に近い超高速で運動する物体に対し，マクスウェル理論のわずかな綻びを手がかりに，アインシュタインが相対性理論を提唱し成功を収めた．また，原子や分子を対象とする現象についても，いろいろ奇妙な現象が見いだされたが，こちらの方は，アインシュタインの相対性理論のように一人の天才によって一気に解決するというわけにいかず，多くの優れた物理学者の手により，量子力学が築かれていった．本書が対象としている材料科学や固体物性を学ぶ学生・研究者にとっては，固体の微視的性質，特に電子のふるまいを理解するために，量子力学は不可欠で，相対性理論は知らなくてもよいが，量子力学は避けて通ることはできない．

ということで，本章では，古典物理学では説明できない代表的な現象を紹介し，時代順に量子力学の発展を追い，シュレーディンガー方程式にいたる過程を説明する．

1.2 プランクの黒体放射の理論 (1900年)

　プランク(Planck)が活躍していた19世紀末のドイツは，新興工業国として鉄鋼業などが大いに栄えた時期である．この頃，物理学の問題として盛んに議論されたのは，高熱の物体(たとえば溶鉄)が発する光のスペクトルの解明がある．比較的温度の低い炭火などは赤色で，白熱灯は黄色っぽい光を出すことは誰でも経験的に知っていることであるが，これを具体的な物理法則として定式化するためには，いろいろな試みがなされてきた．**図1-1**に高温物体が発する光のスペクトル分布を示すが，高温ほどピークの位置が短波長側にずれていくことがわかる．この分布を説明するために古典論に従っていろいろな試みがなされ，長波長側でレイリー–ジーンズ(Rayleigh-Jeans)の公式，

$$I(\nu) = \frac{8\pi\nu^2}{c^3}k_\mathrm{B}T \tag{1-1}$$

短波長側ではウィーン(Wien)の公式，

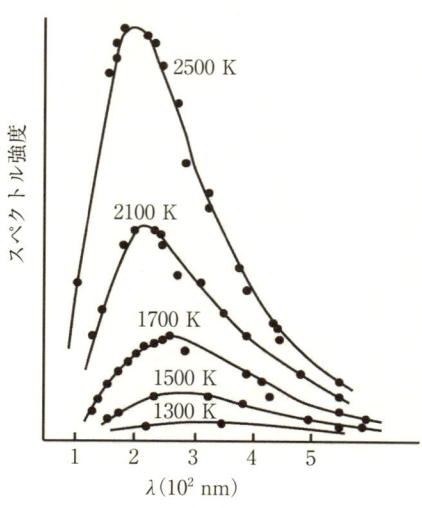

図1-1　高温物体が発する光のスペクトル分布．実線はプランク分布則による理論値．

$$I(\nu) = \frac{8\pi\nu^2}{c^3} h\nu e^{-h\nu/k_B T} \tag{1-2}$$

(ν：振動数, c：光速, k_B：ボルツマン定数)

などが提案され，部分的にはスペクトル分布を説明したが，スペクトルの全体を説明することには成功していなかった．

プランクは，はじめに上記2つの公式の内挿式

$$I(\nu) = \frac{8\pi h\nu^3}{c^3} \frac{1}{e^{h\nu/k_B T} - 1} \tag{1-3a}$$

を提案し，これを，波長に対するスペクトル強度 $I(\lambda)$ に変換すると，

$$I(\lambda) = \frac{8\pi hc}{\lambda^5} \frac{1}{e^{ch/k_B \lambda T} - 1} \tag{1-3b}$$

となり，図1-1に示すように，実測値ときわめてよい一致が得られることを示した．さらに考察を進めることにより，光が作用量子(プランク定数 h)とよぶ最小の単位に周波数をかけたエネルギーをもつ粒子であると仮定することにより，統計熱力学を用いこの式を説明した．なお，この式の証明は参考書(1)，6.3.4項で示すが，ここにはじめて，十分根拠のある光の粒子説が登場したわけである．

1.3 光電効果による光の粒子説 (1905年)

一方，アインシュタイン(Einstein)は光電効果の解析から光の粒子性を唱え

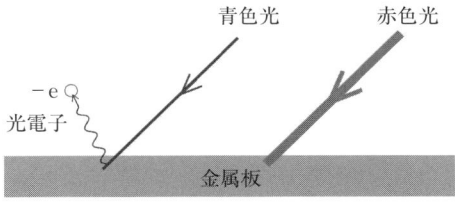

図1-2 光電効果の概念図．波長の短い青色光を金属板に当てると電子が飛び出す．一方，波長の長い赤色光だといくら強い光を当てても電子は飛び出さない．

た．光電効果とは図 1-2 に示すように金属に光を照射すると電子が放出されるという現象である．ただ，どのような光でも生じるわけではなく，波長の長い赤色光だといくら強度を上げても光電子は放出されず，波長の短い青色光だと，輝度の弱い光でも光電子が放射される．この場合は光源の輝度が高いと，それに比例して放出される光電子の量も多くなる．また，放出された電子の速度(運動エネルギー)は，光の波長が短いほど大きくなる(図 1-3)．この現象をアインシュタイン(Einstein)は，以下のように説明した．

(1) 振動数 ν の光を

$$E = h\nu \quad (h: プランク定数) \tag{1-4}$$

のエネルギー粒子と見なす．

(2) 金属中の自由電子が結晶の束縛を振り切り外部へ放出させるには，そのときなされる仕事に見合う一定のエネルギー W が必要である．

(3) その結果，放出された光電子の最大エネルギーは

$$E_{\max} = h\nu - W \tag{1-5}$$

で与えられる．

余談だが，アインシュタインに対するノーベル賞はこの仕事に対して与えられたものである．

なお，これに関連し，光が照射した物体に及ぼすわずかな圧力を解析し，ア

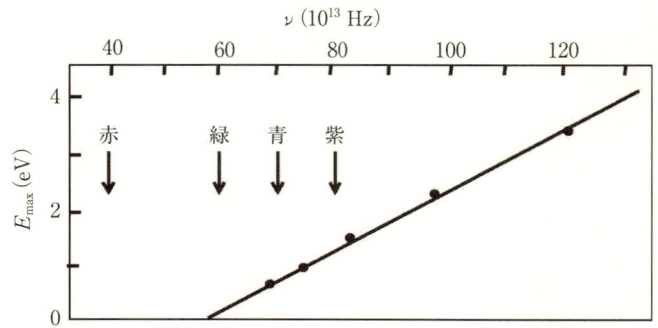

図 1-3　金属 Li から放射された光電子の最大エネルギー．色名つきバーは光の色を示す．赤色光を照射しても光電子は放射されない．

インシュタインは粒子像での光（光子，photon）は質量をもたないが，

$$p = \frac{h\nu}{c} \qquad (1\text{-}6)$$

で与えられる運動量をもつことを示した．

1.4 電子の波動性（ド・ブロイ(de Broglie)1924年）

従来波動として捉えられていた光（電磁波）が粒子としての性質を示すなら，逆に，粒子と考えられていた電子が波動としての性質をもつと考えるのは自然な発想であろう．ド・ブロイはこの場合，その運動量と波長の間にアインシュタインの関係式と同等の関係が成り立ち，運動量 p の電子は

$$\lambda = \frac{h}{p} \qquad (\text{ド・ブロイ関係式}) \qquad (1\text{-}7)$$

の波長の波動としての性質を示すはずだと，粒子の波動性を予言した．

1.5 ハイゼンベルグの不確定性原理（1927年）

光が粒子性をもち，電子が波動性を示すことは，理論的に予言され実験的にも検証された事実だが，これを古典物理学の枠内で理解することはきわめて難しい，というより不可能である．

ニュートン力学では，たとえば質点の運動を考えるとき，質点の大きさは0とし，その位置と運動量は測定精度さえ上げればいくらでも正確に測定できることを前提としている．実際，光学顕微鏡で観測できるくらいの大きさの粒子を取り扱う限り，その前提がくずれることはないといってよい．しかし，原子や電子のような極微の世界の粒子を観測しようとする場合はどうだろうか？少なくとも，その当時は，原子レベルの大きさの粒子を観測する手段はなく，いくらでも正確に測定できるということを実証した人はいなかったはずである．そこで，ハイゼンベルグ(Heisenberg)は，次のような思考実験を提唱しこの点を考察した．

●実験による検証

ド・ブロイの予言は間をおかずデヴィッソン-ガーマー((Davisson-Germer) 1927 年), および G. P. トムソン((G. P. Thomson) 1928 年)により, 電子線の干渉効果として実証された. 現在では, 材料科学の研究者にはおなじみの実験手段である電子顕微鏡を使えば容易に結晶による干渉効果を観測でき, 結晶の構造や格子定数を求めることができる.

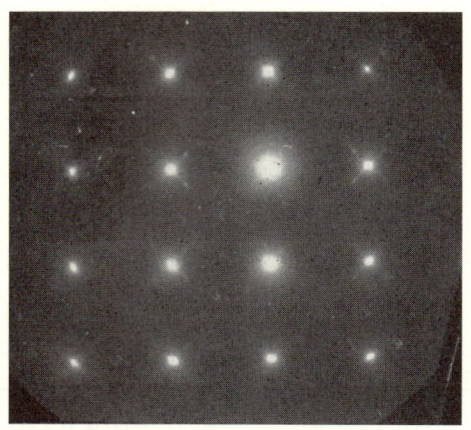

図 1-4 銀の薄膜に電子線を当てたとき生じる回折像.

まず, 原子レベルの大きさの粒子が観測できる超高倍率の顕微鏡があったとしよう. といっても光学理論からその波長は原子レベルの長さでなければならず可視光では無理であるが, とりあえず粒子が観測できたとしよう. この場合, 光を粒子に当てるわけであるから, 光と粒子の間には何らかの相互作用があったはずである. 粒子はきわめて軽いので, その相互作用の結果, 元の位置から動いてしまい, 位置を正確に決めることができなくなる. ハイゼンベルグは光のもつ運動量として, アインシュタインによって与えられた(1-6)式を用いれば, 粒子の位置と運動量の測定精度を

$$\Delta x \, \Delta p \gtrsim h \tag{1-8}$$

以上に高めるのは原理的に不可能であることを示した. つまり, 位置を正確に

求めようとして波長の短い電磁波を当てれば運動量の擾乱，すなわち Δp が大きくなり，逆に小さな運動量をもつ光は波長が長くシャープな像が得られない（Δx が大）というわけである．この関係を**ハイゼンベルグの不確定性原理**とよび，量子力学を理解するための鍵を握る式である．

ハイゼンベルグはこの考察を推し進め，行列形式の量子力学を発展させたが，本書で取り扱う原子・分子や固体中の電子のふるまいを記述するには，後に述べるシュレーディンガーの波動方程式による量子力学の方が適しており，これ以上立ち入らないことにする．なお，(1-8)式で与えられる不確定性原理は，波束の性質を考慮するとド・ブロイの式と等価であることを後に示す．

1.6 水素原子の構造とスペクトル

20世紀初頭，量子力学の発展期において最も大きな関心が払われた物理学の問題は，原子の構造とその性質といってもよい．ここでは，最も簡単な原子である水素原子の構造とその光吸収スペクトルの説明に，量子力学がいかに関わってきたかを簡単に述べる．

1.6.1 土星モデルと古典物理学の破綻

イギリスのラザフォード（Rutherford）は，ラジウムから放射される α 線（He^{2+} 原子核）を物質に照射したときの散乱角を解析することにより，原子は，中心に小さいが重い正電荷をもった粒子が存在し，その周りを負の電荷を帯びた軽い部分が取り巻くという構造をしていることを明らかにした．

古典力学では，このような構造をとるモデルとしては，中心の + 電荷の周りを − 電荷の粒子（電子）が回転し，電荷間のクーロン力が求心力として働く，いわゆる，原子の土星モデルが考えられる．実はこのようなモデルはそれ以前に，日本の長岡半太郎により予言されていたが，マクスウェルの電磁気学によると，円運動（一般には加速度運動）をする荷電粒子は電磁波を放射し運動エネルギーを失い，安定な軌道運動が保てないとの理由で受け入れられなかった（**図1-5**(b))．

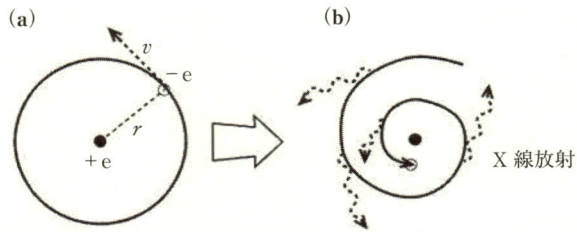

図 1-5 回転運動をする荷電粒子．電磁気学によれば電磁波を放射し運動エネルギーを失い，(b)のように電子は原子核に吸い込まれていくはずである．

しかし，ラザフォードが示した，中心に重い正電荷があり負電荷がそれを取り巻くという描像は実験事実が指し示すものであり，土星モデルの当否はともかく，受け入れざるを得ないものであり，理論家に大きな課題を突きつけることになった．

1.6.2 水素原子の光スペクトルの研究

少し時代は遡るが，19 世紀末頃，原子気体の発光・吸収スペクトルの実験的研究が盛んに行われ，原子の構造とその理論を築くための重要な情報が得られていた．特に水素原子の発光スペクトルの波長は，バルマー((Balmer) 1885年)によって，

$$\frac{1}{\lambda} = R\left(\frac{1}{n_1^2} - \frac{1}{n_2^2}\right) \quad (n_1, n_2 : 整数) \tag{1-9}$$

という，きわめてシンプルかつ正確な経験式が得られており，水素原子の構造の理論を構築する際説明しなければならない重要な実験事実である．

1.6.3 ボーアの理論 (1913年)―前期量子力学―

ボーア(Bohr)はある仮定の下に，土星モデルに基づき，水素原子の構造とエネルギーレベルを計算し，(1-9)式で与えられる発光スペクトルの規則性を見事に説明した．その仮定は「回転する電子の軌道角運動量が

1.6 水素原子の構造とスペクトル

$$mvr = n\frac{h}{2\pi} = n\hbar \tag{1-10}$$

を満たすときのみ円軌道が安定に存在し得る」というものである．もちろんこれは古典電磁気学と矛盾することであるが，とりあえず認めるとする．

以下，図1-5(a)に示すようなモデルで許される軌道とそのエネルギーを計算する．中心電荷（原子核）の電荷を $+e$，電子の電荷を $-e$ とすると，円運動の方程式（遠心力 = 求心力）より，

$$\frac{mv^2}{r} = \frac{e^2}{4\pi\varepsilon_0 r^2} \Rightarrow r = \frac{e^2}{4\pi\varepsilon_0 mv^2} \tag{1-11}$$

となり，これを(1-10)式に代入すると，

$$v = \frac{e^2}{4\pi\varepsilon_0 n\hbar}, \qquad r = \frac{4\pi\varepsilon_0 \hbar^2}{me^2}n^2 \tag{1-12}$$

となり，許される電子の接線速度および軌道半径が求まる．取り得る軌道のエネルギーは，運動エネルギーと静電ポテンシャルエネルギーの和なので，全エネルギーは

$$E = \frac{1}{2}mv^2 - \frac{e^2}{4\pi\varepsilon_0 r} = -\frac{me^4}{2(4\pi\varepsilon_0)^2 n^2 \hbar^2} = -R\frac{hc}{n^2} \tag{1-13}$$

で与えられる．すなわち，水素原子は n^2 に反比例するとびとびのエネルギー準位をもつことが許される．ここで，R はリュードベリ(Rydberg)定数とよばれ，

$$R = \frac{2\pi^2 me^4}{(4\pi\varepsilon_0)^2 h^3 c} \tag{1-14}$$

で与えられる．したがって，最低のエネルギーは

$$E_1 = -hcR = -\frac{me^4}{2(4\pi\varepsilon_0)^2 \hbar^2} \tag{1-15}$$

となり，このときの軌道半径は，

$$a_0 = \frac{4\pi\varepsilon_0 \hbar^2}{me^2} = 0.5292 \times 10^{-10} \text{ m} \tag{1-16}$$

で与えられる．a_0 をボーア半径とよび，原子単位系の長さの単位として使わ

れる.

　ボーアはさらに，それらの軌道のエネルギー差に相当する電磁波が放射・吸収されるとし，アインシュタインの関係式((1-4)式)と合わせて，

$$h\nu = \Delta E = hcR\left(\frac{1}{n_1^2} - \frac{1}{n_2^2}\right) \tag{1-17a}$$

$$\frac{1}{\lambda} = \frac{\nu}{c} = R\left(\frac{1}{n_1^2} - \frac{1}{n_2^2}\right) \tag{1-17b}$$

と，バルマーの式((1-9)式)を見事に説明し，さらに，リュードベリ定数についても実験値とよく一致することを示した．

　なぜ，$\hbar$ の整数倍の角運動量をもつ軌道のみが許されるかについての説明はできないが，ド・ブロイの関係式を用いると，条件(1-10)式は，軌道の円周が，それに対応する電子の波長の整数倍に等しいことと同等であることが証明できる．すなわち，

$$2\pi r = n\lambda = n\frac{h}{mv} \Rightarrow mvr = n\frac{h}{2\pi} = n\hbar \tag{1-18}$$

が得られる．

　このように，ボーアの理論は，水素原子に関する限り大きな成功を収めたが，その後さらに他の現象に拡張しようとするといろいろ問題点が生じてきた．列挙すると，

（ⅰ）水素原子以外では定量的一致が得られない．
（ⅱ）一般性に乏しい．特に，円運動以外の系で許される軌道をどうとればよいか任意性が残る．
（ⅲ）磁場中でのスペクトル線の分裂が説明できない．

等，この理論では説明できない現象が見つかってきた．

　ここで，（ⅰ），（ⅱ）については，さらに仮定を設け，理論を改良することによりある程度克服されたが，（ⅲ）については基本的な誤りを含む可能性がある．具体的には，電子は軌道運動の他，自転(スピン)をしており，水素原子の基底状態（$n=1$）はボーアの理論によれば軌道角運動量 $\hbar$ をもち，それに伴って $1\mu_B$(ボーア磁子数)の磁気モーメントをもつが，後に示す正しい理論では軌

道角運動量は 0 で，$(1/2)\hbar$ のスピン角運動量をもち，それに伴って，同じ大きさの磁気モーメント $1\mu_B$ をもつ．しかし，磁気モーメントの大きさは同じであるが，磁場中では，前者の場合エネルギー準位は 3 つに分裂するのに対し，後者では 2 つに分裂し，実験(ゼーマン(Zeeman)分裂)は，後者が正しいことを示している．

このように，ボーアの理論では説明できない実験事実が数多く現れ，現在ではその使命を終えている．

1.7 シュレーディンガーの波動方程式 (1926 年)

ボーアの理論は電子の粒子像を出発点にしているが，シュレーディンガー(Schrödinger)はド・ブロイが予言した波動性に注目し，波動としての電子が従うべき以下のような波動方程式を提案した．

$$-\frac{\hbar^2}{2m}\left(\frac{\partial^2}{\partial x^2}+\frac{\partial^2}{\partial y^2}+\frac{\partial^2}{\partial z^2}\right)\phi(x,y,z)+V(x,y,z)\phi(x,y,z)$$
$$=E\phi(x,y,z) \qquad (1\text{-}19)$$

ここで，$\phi(\boldsymbol{r})$ は波動関数とよばれ，一般には複素関数であり，その 2 乗 $|\phi(\boldsymbol{r})|^2=\phi^*(\boldsymbol{r})\phi(\boldsymbol{r})$ (ϕ^* は ϕ の共役複素関数)は，位置 r に電子を見いだす確率と考える．したがって，規格化条件

$$\iiint_{\text{全空間}} \phi^*\phi\, dxdydz = 1 \qquad (1\text{-}20)$$

を満たす必要がある．$V(x,y,z)$ は電子の感じるポテンシャルエネルギーであり，E は電子のエネルギーと考える．この場合，ポテンシャルエネルギーと適当な境界条件を与えればどのような場合でも適応でき，一般性が高い．実際，この方法により原子や分子の性質のみならず，固体中の電子のふるまいなども正しく理解でき，現在も物性物理学の問題を解く基礎方程式として使われている．

ところで，誰しも (1-19) 式はどのようにして導かれたかという疑問を抱くのではなかろうか？ それに対する答えとしては，これはあくまで仮定であり，

ニュートンの運動方程式がそれ以前にあった別のより簡単な式から導かれたわけではないように，量子力学の出発点と考え，この式を解くことによって得られる結果が，観測事実と矛盾せず定量的な一致まで得られるという有効性により確立したものと考えておけばよい．

　ただし，ド・ブロイの関係式を媒介として古典物理学における波動方程式と関連付けることは可能である．以下，簡単のため1次元モデルにより，x 方向に伝搬する連続弾性体中の音波の波動方程式(参考書(1)，p.34参照)

$$\frac{\rho}{E}\frac{\partial^2 u}{\partial t^2} = \frac{\partial^2 u}{\partial x^2} \quad (\rho:\text{密度},\ E:\text{弾性率}) \tag{1-21}$$

との対応関係を調べる．

　(1-21)式での波動関数は位置 x，時間 t における媒体の変位 $u(x, t)$ であるが，ここでは量子力学の波動関数 $\phi(x)$ とする．音速は $v = \sqrt{E/\rho}$ で与えられるので，(1-21)式は，

$$\frac{\partial^2 \phi}{\partial x^2} - \frac{1}{v^2}\frac{\partial^2 \phi}{\partial t^2} = 0 \tag{1-22}$$

と書ける．$\phi(x, t) = e^{-i\omega t}\psi(x)$ と置くと，

$$\frac{\partial^2 \psi}{\partial x^2} + \frac{\omega^2}{v^2}\psi = 0 \tag{1-23}$$

となり，ド・ブロイの式，および古典力学の全エネルギー $E = T + V$ より

$$\frac{\omega}{v} = \frac{2\pi}{\lambda} = p\frac{2\pi}{h} = \frac{p}{\hbar} \Rightarrow \frac{\omega^2}{v^2} = \frac{p^2}{\hbar^2}$$

$$E = \frac{1}{2m}p^2 + V(x) \tag{1-24}$$

これらの式を(1-23)式に代入すると，

$$\frac{\partial^2 \psi(x)}{\partial x^2} + \frac{2m}{\hbar^2}[E - V(x)]\psi(x) = 0 \tag{1-25}$$

が得られ，これは1次元のシュレーディンガーの波動方程式

$$-\frac{\hbar^2}{2m}\frac{d^2 \psi(x)}{dx^2} + V(x)\psi(x) = E\psi(x) \tag{1-26}$$

に等しい．このことから，パラメータ E は古典力学の全エネルギーに対応し

た量であることがわかる.

　すでに述べたように，$|\phi^2(r)|$ は位置 r に電子が存在する確率を表す関数（確率密度）と解釈されるが，アインシュタインは，シュレーディンガー方程式の圧倒的な成功にもかかわらず，このような確率論的解釈に最後まで反対したのは有名な話である．なお，$|\phi^2(r)|$ を確率密度と考えるのではなく，電子をいわば雲のようなイメージで捉え，電子の密度 $\rho(r) = \phi^*(r)\phi(r)$ を表す関数と捉えてもよく，実際，電子雲という言葉もあるが，素粒子としての電子は大きさのない粒子で空間的に広がった存在と考えるのは誤りである．

1.8　その後の発展

　シュレーディンガーの波動方程式は，少なくとも原子や分子，固体中の電子のふるまいを記述するには十分で，現在でも広く使われている．ただ，電子の回転（自転）状態を表すには，位置の関数としてのいわゆる波動関数は使えず，異なった取り扱いが必要となる．さらに，素粒子の世界など高エネルギーの分野では相対論的補正が無視できず，ディラック（Dirac）は相対性理論も取り込んだ量子力学を確立した．物性分野でも重い原子の電子状態の計算では相対論的補正が無視できず，必要に応じて使われる．また，多粒子系や，電磁場との相互作用を取り扱うために，場の量子論が展開されている．

第 2 章

量子力学の方法 I
―シュレーディンガーの方程式を解く―

第 1 章で，ポテンシャル $V(x,y,z)$ 中に置かれた電子は，シュレーディンガー方程式

$$-\frac{\hbar^2}{2m}\left(\frac{\partial^2}{\partial x^2}+\frac{\partial^2}{\partial y^2}+\frac{\partial^2}{\partial z^2}\right)\psi(x,y,z)+V(x,y,z)\psi(x,y,z)$$
$$=E\psi(x,y,z) \qquad (2\text{-}1)$$

に従う波動としてふるまい，適当な境界条件を与えこの方程式を解くと，電子の取り得るエネルギー E とそれに対応する波動関数 ψ が求まることを示した．ここで，ψ は一般に複素関数であり，その 2 乗 $|\psi(\boldsymbol{r})|^2 = \psi^*(\boldsymbol{r})\psi(\boldsymbol{r})$ は $\boldsymbol{r}$ の位置に電子を見いだす確率を与えるものと解釈される．したがって，

$$\iiint_{\text{全空間}} \psi^*\psi\, dxdydz = 1 \qquad (2\text{-}2)$$

で与えられる規格化条件を満たす必要がある．本章では，いくつかの代表的な系について，シュレーディンガー方程式をいかに適用し解を求めるかを説明する．

2.1 固有値と固有関数

シュレーディンガー方程式を解くに当たって，はじめに決める必要があるのは，問題に応じて電子が感じるポテンシャル $V(x,y,z)$ を設定することである．簡単な例として，具体的には，
（i）自由電子：$V=0$

(ⅱ) 水素原子：$V(\boldsymbol{r}) = -\dfrac{e^2}{4\pi\varepsilon_0 r}$

(ⅲ) 調和振動子(バネ)：$V(x) = \dfrac{1}{2}kx^2$

などがあげられる．

次に，物理的に意味のある解を得るため適当な境界条件を定める必要がある．多くの場合 $x, y, z \to \pm\infty$ で $\phi \to 0$ という境界条件を適用する．このとき，一般に E が特定の値 $E_1, E_2, \cdots, E_n, \cdots$ をとるときのみ境界条件を満足する解が求まる．$E_1, E_2, \cdots$ をエネルギー**固有値**，それに対応する解 $\phi_1, \phi_2, \cdots$ を**固有関数**という．これは，その系(電子系)の取り得るエネルギー準位，状態に対応する．なお，1 つのエネルギー固有値 E_n に対し複数の解 $\phi_{n_1}, \phi_{n_2}, \cdots, \phi_{n_l}$ が存在する場合がある．これを**縮退**しているといい，l を縮退度とよぶ．例にあげたような簡単なポテンシャルの場合は，後で示すように，微分方程式を満たす関数が見つかり解析的に解けるが，このような場合は例外的で，解を得るためにはいろいろな工夫が必要である．

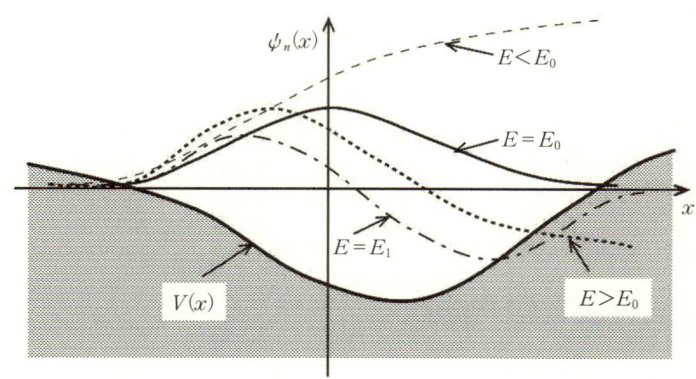

図 2-1 1 次元波動方程式の数値解法．$-\infty$ 位置で境界条件，$\phi(-\infty) = 0$，$(d\phi/dx)_{-\infty} = 0$ を満たす値を与え，(2-3)式に従ってつないでいく．E が適当な値であれば $+\infty$ においても境界条件を満たす解が見つかる．このとき最低の E では曲線は x 軸を横切らない．2 番目の E では 1 度，n 番目の E では $n-1$ 回 x 軸を切る．これがエネルギーの固有値である．

一般的にはコンピュータにより数値的に解くことができる．簡単のため，1次元の場合を例にとり説明すると，(2-1)式は

$$\frac{d^2\psi(x)}{dx^2} = \frac{2m}{\hbar^2}\{V(x) - E\}\psi(x) \tag{2-3}$$

と書くことができる．この式は位置 x における関数の曲率を与える式で，その位置での $\psi(x), d\psi/dx$ の値が与えられていれば，その周辺の関数値 $\psi(x \pm dx)$，その勾配 $d\psi(x \pm dx)/dx$ が求まり，この操作を繰り返し関数をつないでいくと解が求まる．ただし，境界条件を満たすためには E は任意の値はとれず一般にとびとびの値しかとれない．これがエネルギー固有値に相当し E が大きいほど得られる解の振動は激しくなる．この様子を図 2-1 に示す．

2.2　$V=0$（自由電子）

はじめに，最も簡単な例として $V=0$ の場合について考える．これは，金属中を自由に動く電子を記述するモデルで，自由電子モデル（または自由電子近似）とよばれる．この場合，方程式は簡単になるが無限遠で $\psi \to 0$ とする境界条件が使えず，境界条件の設定により異なった解が得られるので注意が必要である．はじめに簡単のため 1 次元の場合について考える．

(2-3)式において $V(x)=0$ と置くと，波動方程式は

$$-\frac{\hbar^2}{2m}\frac{d^2\psi}{dx^2} = E\psi(x) \tag{2-4}$$

と書くことができる．これは最も簡単な線形 2 次微分方程式であり，その一般解は，公式 $de^{ax}/dx = ae^{ax}$ より $\psi_R(x) = Ae^{\pm kx}$，または $\psi_I(x) = Ce^{\pm ikx}$，あるいはその 1 次結合

$$\psi_R(x) = \alpha e^{kx} + \beta e^{-kx} \tag{2-5}$$

または，

$$\psi_I(x) = \alpha e^{ikx} + \beta e^{-ikx} \tag{2-6}$$

が一般解になる．しかし，実数解は境界条件を満足せず，複素数解(2-6)式を採用しなければならない．(2-6)式を(2-4)式に代入すると，

$$\frac{\hbar^2}{2m}k^2\phi_1(x) = E\phi_1(x) \tag{2-7}$$

が得られ，(2-6)式が波動方程式(2-4)式を満たす解であることは容易に確かめられる．ただし，α, β は未定であり，適当な境界条件を与え確定する必要がある．

2.2.1　1次元箱の中の電子

金属中の電子に対する境界条件として，1辺 L の立方体に閉じ込められた，いわゆる箱の中の電子を考える．以下，まず簡単のため1次元の場合について解を求める．この場合，電子の感じるポテンシャルは以下のように設定すればよい．

$$\begin{aligned}V(x) &= 0 \quad (0 \le x \le L) \\ V(x) &= \infty \quad (x<0,\ x>L)\end{aligned} \tag{2-8}$$

この条件に対応する境界条件は

$$\phi(0) = 0, \quad \phi(L) = 0 \tag{2-9}$$

となる．なぜなら，もし $x<0, L<x$ の領域で，$\phi(x) \ne 0$ であれば解は発散してしまうからである．この境界条件を複素関数の一般解(2-6)式に適用すると，$\phi(0)=0$ より，

$$\alpha + \beta = 0 \tag{2-10}$$

が得られ，したがって，

$$\phi(x) = \alpha(e^{ikx} - e^{-ikx}) = A\sin(kx) \tag{2-11}$$

でなければならない．また，$\phi(L)=0$ より，

$$\sin(kL) = 0 \tag{2-12}$$

が得られる．(2-9)を満たすには $k_n L = n\pi$，したがって

$$k_n = \frac{\pi}{L}n \quad (n=1, 2, \cdots) \tag{2-13}$$

でなければならない．なお n は整数であれば(2-9)式を満たすが，$A\sin(-kx) = -A\sin(kx) = A'\sin(kx)$ なので，$A\sin(-k_n x)$ は，$A'\sin(k_n x)$ と物理的には同等で，独立な解でなく，n は自然数でなければならない．なお，三

角関数の性質より，振動の波長を λ とすれば，$k = 2\pi/\lambda$ であり，k は波数に対応する．したがって，(2-13)式を波長で表すと，

$$k_n = \frac{2\pi}{\lambda_n} = \frac{\pi}{L}n \Rightarrow \frac{\lambda_n}{2}n = L \tag{2-14}$$

と書くことができ，**図 2-2** に示すように，半波長の整数倍が箱の長さに等しい正弦波が境界条件を満たす解となる．なお，電子密度 $\rho(x)$ は波動関数の2乗なので，

$$\rho(x) = \phi^*\phi = A^2 \sin^2(k_n x) = A^2 \left\{ \frac{1 - \cos(2k_n x)}{2} \right\} \tag{2-15}$$

と，図 2-2 に示すように，波動関数の2倍の波数で振動する．

また，エネルギー固有値は(2-4)式より

$$E_n = \frac{\hbar^2}{2m}k_n^2 = \frac{\hbar^2}{2m}\left(\frac{\pi}{L}\right)^2 n^2 \tag{2-16}$$

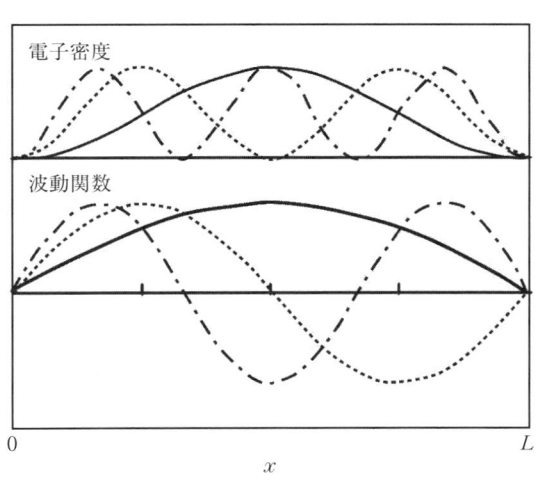

図 2-2 1次元箱の中の自由電子．$n = 1, 2, 3$ までの波動関数(下)および電子密度(上)を示す．電子密度の周期は波動関数の半分になっていることに注意．

で与えられる．このとき，ポテンシャルエネルギーは 0 なので，エネルギーは電子の運動エネルギーと見なしてよい．

規格化定数 A_n は，

$$A_n^2 \int_0^L \sin^2(k_n x)\,dx = 1 \tag{2-17}$$

より，簡単な計算で，$A_n = \sqrt{2/L}$ となる．

以上をまとめると，1 次元箱の中の電子の固有関数および固有エネルギーは，

$$\psi_n(x) = A_n \sin(k_n x)$$
$$k_n = \frac{\pi}{L} n \quad \left(n = 1, 2, \cdots, \quad A_n = \sqrt{\frac{2}{L}} \right) \tag{2-18}$$

$$E_n = \frac{\hbar^2}{2m} k_n^2 = \frac{\hbar^2}{2m} \left(\frac{\pi}{L} \right)^2 n^2 \tag{2-19}$$

で与えられる．

2.2.2 有限ポテンシャル箱中の電子

現実の金属ではポテンシャル障壁は有限である．事実，光電子放射の存在で

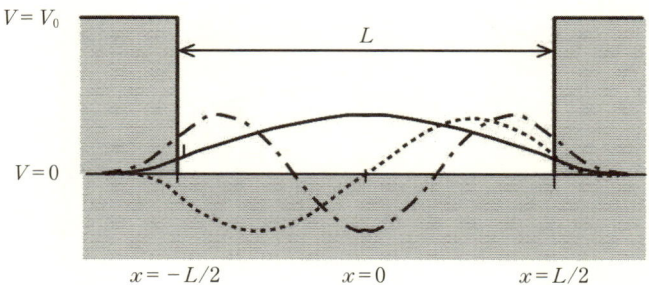

図 2-3 有限ポテンシャル障壁箱中の電子の波動関数．x 軸は箱の中心を 0 とし，境界をそれぞれ $-L/2$, $L/2$ とする．この場合，波動関数は対称または反対称関数となる．曲線はエネルギーの低い 3 つの状態を示す．この場合，箱外では波動関数は減衰関数となり電子は箱に束縛された状態を表す．本文で示すがこのような束縛解は有限個しか存在しない．

2.2　$V=0$（自由電子）

わかるように，高エネルギーの光子を照射すると電子が飛び出してくる．このときの波動関数，固有エネルギーがどうなるかを考える．**図 2-3** にこの場合のポテンシャルを示す．ポテンシャルは箱内，$-L/2 \leq x \leq L/2$ で $V=0$，外部では $V=V_0>0$ とする．ここで，ポテンシャル0の範囲を $-L/2 \leq x \leq L/2$ としたのは，このようにすると，$V(x)$ が y 軸に対して対称，すなわち，$V(-x)=V(x)$ とすると，得られる解も対称 $\phi(-x)=\phi(x)$ または反対称 $\phi(-x)=-\phi(x)$ となることが知られているからである．

波動方程式を(2-4)式と同型に書くと

$$-\frac{\hbar^2}{2m}\frac{d^2\phi}{dx^2}=(E-V)\phi(x) \tag{2-20}$$

となり，波動関数は，箱内 ($V=0$) では無限大障壁の場合と同じく三角関数となる．上で述べたように，この場合，解は対称または反対称関数でなければならないので，対称解は

$$\phi_\text{S}(x)=A\cos(kx) \tag{2-21a}$$

反対称解は

$$\phi_\text{AS}(x)=A\sin(kx) \tag{2-21b}$$

となる．このとき，エネルギーは無限大障壁の場合と同様

$$E=\frac{\hbar^2}{2m}k^2 \tag{2-22}$$

で与えられるが，後に示すように，半波長は箱の長さ L の整数倍より少し長くなりその分エネルギーは小さくなる．なお，この場合のエネルギーはポテンシャルエネルギーが0なので，すべて運動エネルギーであり正の値をとる．

箱外 ($V=V_0$) では，無限大障壁の場合と異なり，ポテンシャルが有限なので波動関数も有限であることが許される．このとき，$E-V_0$ の符号により異なった解が得られる．$E-V_0>0$ の場合は，箱内と同じく波動関数は三角関数となり箱外でも運動エネルギーをもつ自由電子としてふるまう．それに対し，低エネルギー電子 ($E<V_0$) に対しては，(2-20)式より両辺の係数が同符号となり，実数指数関数

$$\psi(x) = A' \exp(\pm k'x) \qquad (k' > 0) \qquad (2\text{-}23)$$

が解となる．関数が発散しないためには $x \to \pm\infty$ で 0 になるよう，マイナス（左）側の解を

$$\psi_-(x) = A' \exp(k'x) \qquad (x < -L/2) \qquad (2\text{-}24\text{a})$$

とすると，対称または反対称条件を満たすために，プラス（右）側では

$$\psi_+(x) = \pm A' \exp(-k'x) \qquad (x > L/2) \qquad (2\text{-}24\text{b})$$

でなければならない．いずれの場合も波動関数は箱外では減衰関数となり，k' は減衰率に相当する．このような解を束縛解とよび，以下ではこの場合の解の性質を調べる．エネルギーはいずれの場合も，

$$E = V_0 - \frac{\hbar^2}{2m} k'^2 \qquad (2\text{-}25)$$

で与えられるが，逆に減衰定数は

$$k' = \sqrt{2m(V_0 - E)}/\hbar > 0 \qquad (2\text{-}26)$$

で与えられる．定数 A', k' は，境界で箱内外の関数値および勾配が壁面において連続的に変化するように決める．このとき，対称性より，$x = L/2$ でこの境界条件を満たせば，$x = -L/2$ においても満たすので，$x = L/2$ での境界条件のみを調べればよい．具体的に解を求めるには，数値計算またはグラフ法によらなければならず少々煩雑だが，このモデルは量子力学の特徴を表す例として重要なので，少し詳しく説明する．

対称解に対する $x = L/2$ における境界条件は

$$\psi_+(L/2) = \psi_\mathrm{s}(L/2) \qquad (2\text{-}27\text{a})$$

$$\left(\frac{d\psi_+(x)}{dx}\right)_{x=L/2} = \left(\frac{d\psi_\mathrm{s}}{dx}\right)_{x=L/2} \qquad (2\text{-}27\text{b})$$

で与えられるが，具体的に書き下すと，

$$A' e^{-kL/2} = A \cos(kL/2) \qquad (2\text{-}28\text{a})$$

$$A' k' e^{-kL/2} = Ak \sin(kL/2) \qquad (2\text{-}28\text{b})$$

となる．

2.2 $V=0$（自由電子）

はじめに，固有エネルギー E を求めるため，(2-28)式から，係数 k, k' を求めてみよう．そのため，$\xi = kL/2$, $\eta = k'L/2$ というパラメータを導入し，(2-28b)式を(2-28a)式で割ると $k' = k\tan\xi$ となり，さらに両辺に $L/2$ をかけることにより，ξ と η の間の関係式，

$$\eta = \xi \tan \xi \tag{2-29}$$

が得られる．一方，k, k' とエネルギー E の関係式(2-22)式，(2-25)式より，

$$k^2 + k'^2 = \frac{2m}{\hbar^2} V_0$$

したがって，もう1つの ξ と η の間の関係式

$$\xi^2 + \eta^2 = \frac{mL^2}{2\hbar^2} V_0 \tag{2-30}$$

が得られる．これは，ξ, η 座標平面において半径 $\sqrt{mL^2V_0/2\hbar^2}$ の円であり，解はこの円と，関数 $\eta = \xi\tan\xi$ の交点として求められる．同様に，反対称解については

$$A'e^{-kL/2} = A\sin(kL/2) \tag{2-31a}$$

$$-A'k'e^{-kL/2} = Ak\cos(kL/2) \tag{2-31b}$$

という境界条件を得る．これを η と ξ で表すと(2-29)式に対応し

$$\eta = -\xi \cot \xi \tag{2-32}$$

が得られ，(2-30)式で与えられる円との交点が解を与える．このようにして，ξ と η についての解が求まると k, k' が求まり，固有エネルギー E_n が求まる．図 2-4 に，$(m/2\hbar^2)L^2V_0 = 1, 2, 4$ の場合についてのグラフを示す．束縛条件を満たす固有状態の数は有限であり，円の半径，すなわち L^2V_0 の値が大きいほど束縛状態の数が多くなる．以下に，極端条件における解の性質を調べて見よう．

（1） $(m/2\hbar^2)L^2V_0 \gg 1$：非常に高いポテンシャル障壁

この場合は円の半径が十分大きく，ξ の小さい領域では，η が発散する $\xi = n\pi/2$, すなわち $k_n = n\pi/L$ の近くで交点をもつ．この値を(2-22)式に代入すると，

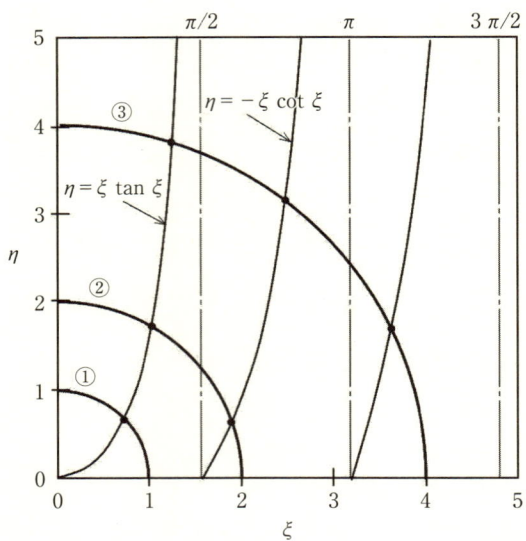

図 2-4 有限ポテンシャル障壁に束縛された電子のグラフ解法. 円①, ②, ③は $(m/2\hbar^2)L^2V_0 = 1, 2, 4$ に対応する.

$$E_n = \frac{\hbar^2}{2m}\left(\frac{\pi}{L}\right)^2 n^2 \tag{2-33}$$

となり，当然のことながら無限大障壁の解(2-19)式と一致する.

（２） $(m/2\hbar^2)L^2V_0 < \pi/2$：十分低いポテンシャル障壁

この場合は，**図 2-4** に示すように，対称解が１つだけ存在する．低エネルギーの反対称解が存在しない理由は，図 2-3 からわかるように，束縛状態であるためには $\psi_{\mathrm{AS}}(0) = 0$ で，かつ境界 $x = L/2$ において勾配が負である必要があるが，そのためには，箱内の正弦関数の波長は $2L$ より短い必要があり，したがって，束縛解をもつための必要条件は $k > \pi/L$，すなわち $\xi > \pi/2$ となるためである.

最後に規格化定数 A, A' を求めればいいわけであるが，これは求まった k, k' を用い，境界条件(2-27)式と，規格化条件(2-2)式を用いれば求めることができる.

2.2.3 3次元箱の中の電子

　実際の金属中の電子は3次元空間を走り回っているわけで，3次元シュレーディンガー方程式を解かなければならない．幸い，自由電子の場合は変数分離法により，1次元の解によって表せる．もう少し一般的には，(2-1)式において，ポテンシャル $V(x, y, z)$ が各座標成分の和の形で表せる場合，すなわち，$V(x, y, z) = V_x(x) + V_y(y) + V_z(z)$ であれば，x, y, z 成分ごとに独立に1次元波動方程式を解き，波動関数は各々の積を，エネルギーは各々の和をとればよい（証明は**付録 A** 参照）．ここでは，無限大のポテンシャル障壁中に閉じ込められた自由電子について考える．

　ポテンシャルは1次元の場合にならって，箱の外では∞，内部では $V=0$，すなわち，

$$V = \infty : x < 0, \quad x > L, \quad y < 0, \quad y > L, \quad z < 0, \quad z > L$$
$$V = 0 : 0 \leq x \leq L, \quad 0 \leq y \leq L, \quad 0 \leq z \leq L \tag{2-34}$$

と書くことができ，これは各成分 ($V=0$) の和と見なせるので，変数分離法を適用すると，1次元の解(2-18)，(2-19)式より，波動関数は

$$\phi(x, y, z) = A \sin(k_{n_x} x) \cdot \sin(k_{n_y} y) \cdot \sin(k_{n_z} z)$$

$$k_{n_x} = \frac{\pi n_x}{L}, \quad k_{n_y} = \frac{\pi n_y}{L}, \quad k_{n_z} = \frac{\pi n_z}{L} \tag{2-35}$$

$(n_x, n_y, n_z = 1, 2, \cdots \quad 正整数)$

固有エネルギーは

$$E_n = \frac{\hbar^2}{2m}(k_{n_x}^2 + k_{n_y}^2 + k_{n_z}^2) \tag{2-36}$$

$(n_x, n_y, n_z = 1, 2, \cdots \quad 正整数)$

となる．なお，この場合の最低エネルギー（基底状態）は $n_x = n_y = n_z = 1$ の1組のみであるが，次のエネルギー準位（第1励起状態）は，n_x, n_y, n_z の内1つが2となる場合で3通りあり，それぞれ異なった状態（異なった波動関数）なので3重に縮退した解が得られることがわかる．なお，1辺の長さが異なる直方体の場合については**演習問題 2-2** で求める．

● 閉じ込められた電子の運動エネルギー

(2-35), (2-36)式より, L が小さいとエネルギーは大きくなる．ポテンシャルエネルギーは0なので，これは運動エネルギーの増加を意味する．表2-1にいろいろな L についての最低エネルギーを示す.

表2-1 箱に閉じ込められた電子のエネルギー

大きさ		エネルギー	
	L[m]	[J]	[eV]
1 cm	10^{-2}	1.8×10^{-33}	1.13×10^{-14}
分子	10^{-9}	1.8×10^{-19}	1.13
原子	10^{-10}	1.8×10^{-17}	1.13×10^2
原子核	10^{-14}	1.8×10^{-9}	1.13×10^{10}

このように小さい空間に閉じ込められた電子は，大きなエネルギーをもつことがわかる．言い換えれば，電子を小さな領域に閉じ込めるには大きなエネルギーが必要である.

2.3 調和振動子

バネ定数 k のバネの先端に質量 m の粒子がついた系を考える．古典力学では角振動数 $\omega = \sqrt{k/m}$ で単振動をする．逆に，固有振動数 ω を与えてやれば，バネ定数は $k = m\omega^2$ で与えられる．したがって，この系のポテンシャルエネルギーは

$$V(x) = \frac{1}{2}kx^2 = \frac{1}{2}m\omega^2 x^2 \tag{2-37}$$

と表すことができ，この系のシュレーディンガー方程式は

$$-\frac{\hbar^2}{2m}\frac{d^2\psi(x)}{dx^2} + \frac{m\omega^2}{2}x^2\psi(x) = E\psi(x) \tag{2-38}$$

となる．解の満たすべき境界条件は, $x \to \pm\infty$ で $V(x) \to \infty$ なので, $\psi(x \to$

2.3 調和振動子

$\pm\infty)=0$ である.

式を簡単にするため，以下の変数およびパラメータを導入する.

$$\xi=\sqrt{\frac{m\omega}{\hbar}}\,x, \qquad \lambda=\frac{2E}{\hbar\omega} \tag{2-39}$$

これを使うと，(2-38)式は

$$\left(-\frac{d^2}{d\xi^2}+\xi^2\right)\psi(\xi)=\lambda\psi(\xi) \tag{2-40}$$

と簡単化される．さらに，

$$\psi(\xi)=A\,\exp(-\xi^2/2)\,f(\xi) \tag{2-41}$$

と置き，これを(2-40)式に代入すると，f に対する微分方程式

$$\frac{d^2f}{d\xi^2}-2\xi\frac{df}{d\xi}+(\lambda-1)f=0 \tag{2-42}$$

を得る．このとき関数 $f(\xi)$ が有限項のべき級数として求まるなら $\xi\to\pm\infty$ で $\psi(\xi)=0$ となるので，境界条件を満たす解が得られる．そこで，べき級数

$$f(\xi)=a_0+a_1\xi+a_2\xi^2+\cdots=\sum_{i=0}^{\infty}a_i\xi^i \tag{2-43}$$

を(2-42)式に代入し，有限項の解が求まるかどうか調べて見よう．(2-43)式を(2-42)式に代入すると，

$$\frac{d^2f}{d\xi^2}=1\cdot 2a_2+2\cdot 3a_3\xi+\cdots=\sum_{i=0}^{\infty}(i+1)(i+2)a_{i+2}\xi^i \tag{2-44a}$$

$$-2\xi\frac{df}{d\xi}=-2a_1\xi-4a_2\xi^2-\cdots=-2\sum_{i=0}^{\infty}ia_i\xi^i \tag{2-44b}$$

$$(\lambda-1)f=(\lambda-1)\sum_{i=0}^{\infty}a_i\xi^i \tag{2-44c}$$

となるので，(2-42)式が恒等的に成り立つためには，ξ^i 項の係数 $=0$ より，

$$(i+1)(i+2)a_{i+2}-(2i+1-\lambda)a_i=0 \tag{2-45}$$

でなければならない．これは，a_i についての漸化式となっている．したがって，級数が有限項で終わるためには，

$$\lambda = 2i+1 \tag{2-46}$$

であればよい．ただし，この漸化式は1つおきの係数についてのみ成り立つ式なので，$a_0 \neq 0$ の場合（偶数べき項が有限級数として求まる）は $a_1 = 0$ でなければ，奇数べき項が収束しない．逆に $a_0 = 0$，$a_1 \neq 0$ であれば，奇数べき項のみからなる有限級数が得られる．すなわち，解は偶関数または奇関数として得られる．これは，前項で学んだようにポテンシャルの対称性から予想される結果である．以下に，低次数の解を示しておく．

$$\begin{aligned}\lambda = 1: &\quad f(\xi) = a_0 \\ \lambda = 3: &\quad f(\xi) = a_1 \xi \\ \lambda = 5: &\quad f(\xi) = a_0(1 - 2\xi^2) \\ \lambda = 7: &\quad f(\xi) = a_1\left(\xi - \frac{2}{3}\xi^3\right) \\ \lambda = 9: &\quad f(\xi) = a_0\left(1 - 4\xi^2 + \frac{4}{3}\xi^4\right)\end{aligned} \tag{2-47}$$

一方，(2-42)式と同型の微分方程式はエルミート(Hermite)の微分方程式として知られており，$\lambda - 1 = 2n$（n：整数）のとき，エルミート多項式とよばれる多項式解が得られることがわかっている．導出は専門書に任せるとして，任意の n に対するエルミート多項式は

$$\begin{aligned}H_n(\xi) &= (-1)^n e^{\xi^2} \frac{d^n e^{-\xi^2}}{d\xi^n} \\ &= \sum_{r=0}^{r \leq n/2} (-1)^r \frac{n!}{r!(n-2r)!} \cdot (2\xi)^{n-2r}\end{aligned} \tag{2-48}$$

で与えられ，以下のような関係式が成り立つことが知られている．

$$\int_{-\infty}^{\infty} H_n(\xi) H_m(\xi) e^{-\xi^2} d\xi = \begin{cases} 2^n n! \sqrt{\pi} & (n = m) \\ 0 & (n \neq m) \end{cases} \quad \text{直交関係式} \tag{2-49}$$

$$2\xi H_n(\xi) = 2n H_{n-1}(\xi) + H_{n+1}(\xi) \quad \text{漸化式} \tag{2-50}$$

低次の項を具体的に書くと，

$$\begin{aligned} &H_0(\xi) = 1, \quad H_1(\xi) = 2\xi, \quad H_2(\xi) = 4\xi^2 - 2 \\ &H_3(\xi) = 8\xi^3 - 12\xi, \quad H_4(\xi) = 16\xi^4 - 48\xi^2 + 12 \end{aligned} \tag{2-51}$$

となり，係数 a_0, a_1 を適当に選べば(2-47)式と一致する．したがって，波動関数(2-41)式は

$$\psi_n(\xi) = A_n \exp(-\xi^2/2) H_n(\xi) \tag{2-52}$$

と書くことができる．規格化定数 A_n は(2-49)式から求めることができ，さらに，変数，パラメータを元に戻して固有関数を書き下すと，

$$\psi_n(x) = \left(\frac{\sqrt{m\omega/\hbar}}{\sqrt{\pi}2^n n!}\right)^{\frac{1}{2}} e^{-m\omega x^2/2\hbar} H_n\left(\sqrt{\frac{m\omega}{\hbar}}\, x\right) \tag{2-53}$$

となる．

一方，エネルギー固有値は，$\lambda = 2n+1$ ($n=0,1,2,\cdots$) であり，かつ，$\lambda = 2E/\hbar\omega$((2-39)式)なので，調和振動子の固有エネルギーは

$$E_n = \left(n + \frac{1}{2}\right)\hbar\omega \tag{2-54}$$

となる．

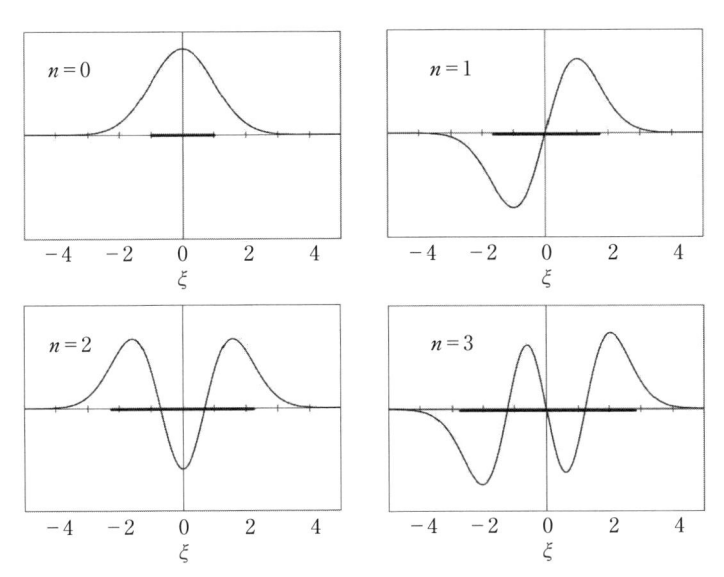

図 2-5 調和振動子の波動関数．横軸(ξ)は，(2-39)式で与えられる x に対応する変数．横太棒は古典力学での振動範囲を表す．

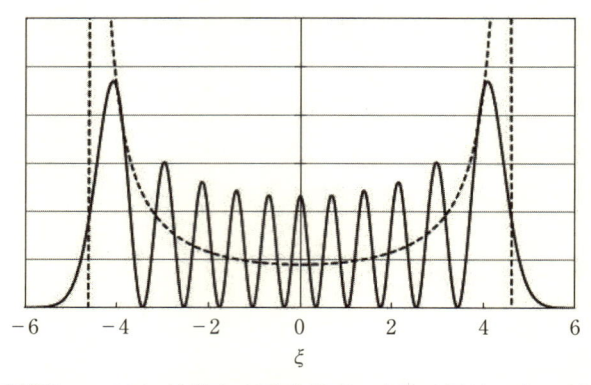

図 2-6 実線は $n=10$ に対応する確率密度．点線は同じエネルギーをもつ古典力学振動子の質点の微分滞在時間．量子数 n が大きくなるほど両者は近づく．

波動関数を図示すると**図 2-5** のようになり，$n=0$ の波動関数はガウス関数に他ならない．n が増加すると解は振動し，n 回 ξ 軸を切ることがわかる．また，ξ 軸上の太線は同じエネルギーをもつ古典的振動子の運動の範囲を示すが，ほぼ波動関数の広がりに対応している．**図 2-6** に $n=10$ についての確率密度を示すが，外側のピークほど確率密度が高くなる．一方，図中の点線は古典力学で得られるその位置での質点の微分滞在時間 $\Delta t/\Delta x = 1/v$ を表すが，この場合は最大振幅位置で運動が停止するので微分滞在時間は発散する．このように，量子数 n，すなわちエネルギーが増加するほど，古典力学の解との対応が明確になってくる．このような対応関係は他の系でも一般的に成り立ち，**対応原理**とよばれる．

以上は 1 次元の調和振動子についての解であるが，3 次元への拡張は容易である．x, y, z 方向のバネ定数を k_x, k_y, k_z，それに対応する角振動数を $\omega_x, \omega_y, \omega_z$ とすると，ポテンシャルエネルギーは

$$V(x, y, z) = \frac{m}{2}(\omega_x^2 x^2 + \omega_y^2 y^2 + \omega_z^2 z^2) \tag{2-55}$$

と書くことができ，これは各成分の和となっているので変数分離法が適用で

き，波動関数は

$$\psi_{n_x, n_y, n_z}(x, y, z) = \left(\frac{\sqrt{m^3 \omega_x \omega_y \omega_z / \hbar^3}}{\pi^{3/2} 2^{(n_x+n_y+n_z)} n_x! n_y! n_z!} \right)^{\frac{1}{2}} e^{-m(\omega_x x^2 + \omega_y y^2 + \omega_z z^2)/2\hbar}$$

$$\cdot H_{n_x}\left(\sqrt{\frac{m\omega_x}{\hbar}} x\right) H_{n_y}\left(\sqrt{\frac{m\omega_y}{\hbar}} y\right) H_{n_z}\left(\sqrt{\frac{m\omega_z}{\hbar}} z\right)$$

(2-56)

固有エネルギーは

$$E_{n_x, n_y, n_z} = \left(n_x + \frac{1}{2}\right)\hbar\omega_x + \left(n_y + \frac{1}{2}\right)\hbar\omega_y + \left(n_z + \frac{1}{2}\right)\hbar\omega_z \quad (2\text{-}57)$$

となる．ここで，バネが等方的な場合，すなわち $\omega_x = \omega_y = \omega_z = \omega_0$ の場合，固有エネルギーは

$$E_{n_x, n_y, n_z} = \left(n_x + n_y + n_z + \frac{3}{2}\right)\hbar\omega_0 = \left(N + \frac{3}{2}\right)\hbar\omega_0 \quad (2\text{-}58)$$

と書くことができ，$N=0$ すなわち，$n_x = n_y = n_z = 0$ の場合以外は同じ N（エネルギー）をもつ状態が複数個存在し縮退した状態となる．その縮退度 g は N 個の同じ球を3つの印のついた箱に分配する場合の数に相当し，

$$g = \frac{(N+1)(N+2)}{2} \quad (2\text{-}59)$$

で与えられる．

2.4 水素様原子

中心（原子核）に $+Ze$ の電荷を置いたとき，中心から r 離れた位置で電子が感じるポテンシャルは，

$$V(x, y, z) = V(r) = -\frac{Ze^2}{4\pi\varepsilon_0 r} \quad (2\text{-}60)$$

で与えられる．直交座標系では $1/r = 1/\sqrt{x^2 + y^2 + z^2}$ なので変数分離法は使えない．しかし，このような球対称ポテンシャル系においては，シュレーディンガー方程式を極座標系に変換することにより変数分離法が適用でき，解くこ

とができる．

2.4.1 極座標系での微分演算子

証明は略すが，極座標系では x, y, z 方向の偏微分は以下のように変換される．

$$\frac{\partial}{\partial x} = \sin\theta\cos\phi\frac{\partial}{\partial r} + \frac{1}{r}\cos\theta\cos\phi\frac{\partial}{\partial \theta} - \frac{1}{r}\frac{\sin\phi}{\sin\theta}\frac{\partial}{\partial \phi}$$
$$\frac{\partial}{\partial y} = \sin\theta\sin\phi\frac{\partial}{\partial r} + \frac{1}{r}\cos\theta\sin\phi\frac{\partial}{\partial \theta} + \frac{1}{r}\frac{\cos\phi}{\sin\theta}\frac{\partial}{\partial \phi} \qquad (2\text{-}61)$$
$$\frac{\partial}{\partial z} = \cos\theta\frac{\partial}{\partial r} - \frac{1}{r}\sin\theta\frac{\partial}{\partial \theta}$$

さらに，2次微分演算子は，

$$\frac{\partial^2 \psi}{\partial x^2} + \frac{\partial^2 \psi}{\partial y^2} + \frac{\partial^2 \psi}{\partial z^2}$$
$$= \frac{1}{r^2}\frac{\partial}{\partial r}\left(r^2\frac{\partial \psi}{\partial r}\right) + \frac{1}{r^2\sin\theta}\frac{\partial}{\partial \theta}\left(\sin\theta\frac{\partial \psi}{\partial \theta}\right) + \frac{1}{r^2\sin^2\theta}\frac{\partial^2 \psi}{\partial \phi^2} \qquad (2\text{-}62)$$

と変換される（参考書（3），p.90）．

したがって，極座標系での水素様原子のシュレーディンガー方程式は，電子の質量を m_e とすると，

$$-\frac{\hbar^2}{2m_e}\left\{\frac{1}{r^2}\frac{\partial}{\partial r}\left(r^2\frac{\partial \psi}{\partial r}\right) + \frac{1}{r^2\sin\theta}\frac{\partial}{\partial \theta}\left(\sin\theta\frac{\partial \psi}{\partial \theta}\right) + \frac{1}{r^2\sin^2\theta}\frac{\partial^2 \psi}{\partial \phi^2}\right\} - \frac{Ze^2}{4\pi\varepsilon_0 r}\psi$$
$$= E\psi \qquad (2\text{-}63)$$

と書くことができる．この場合，ポテンシャルエネルギーは r のみの関数であるが，運動エネルギーに相当する2次微分項は変数 r, θ, ϕ が混在しており，直交座標系のような単純な変数分離法は使えず，以下に述べるように少し工夫が必要である．

2.4.2　極座標系での変数分離と各成分の解
（1）　r, θ 成分と ϕ 成分の分離と ϕ 成分の解
はじめに，波動関数 $\psi(r, \theta, \phi)$ を

$$\psi(r, \theta, \phi) = R(r)\, \Theta(\theta)\, \Phi(\phi) \tag{2-64}$$

と置き，(2-63)式に代入すると，

$$-\frac{\hbar^2}{2m_{\mathrm{e}}}\left\{\left[\frac{d^2 R}{dr^2} + \frac{2}{r}\frac{dR}{dr}\right]\Theta\Phi + \frac{R}{r^2}\left[\frac{1}{\sin\theta}\frac{\partial}{\partial\theta}\left(\sin\theta\frac{\partial\Theta}{\partial\theta}\right)\Phi + \frac{\Theta}{\sin^2\theta}\frac{\partial^2\Phi}{\partial\phi^2}\right]\right\}$$

$$-\frac{Ze^2}{4\pi\varepsilon_0 r}R\Theta\Phi = ER\Theta\Phi \tag{2-65}$$

となり，両辺に $r^2 \sin^2\theta$ および $-2m_{\mathrm{e}}/\hbar^2$ をかけ，$R\Theta\Phi$ で割り，整理すると，

$$\frac{r^2 \sin^2\theta}{R}\left(\frac{d^2 R}{dr^2} + \frac{2}{r}\frac{dR}{dr}\right) + r^2 \sin^2\theta\frac{2m_{\mathrm{e}}}{\hbar^2}\left(\frac{Ze^2}{4\pi\varepsilon_0 r} + E\right) + \frac{\sin\theta}{\Theta}\frac{\partial}{\partial\theta}\left(\sin\theta\frac{\partial\Theta}{\partial\theta}\right)$$

$$= -\frac{1}{\Phi}\frac{\partial^2\Phi}{\partial\phi^2} = m^2 \tag{2-66}$$

と書くことができる．この式の右辺は ϕ のみの関数であることから，この等式が恒等的に成り立つには両辺が常に一定値をとることが必要である．その値を m^2 とし変形すると，右辺は単純に

$$-\frac{\partial^2\Phi}{\partial\phi^2} = m^2\Phi \tag{2-67}$$

となる．この微分方程式の解は

$$\Phi(\phi) = A e^{\pm im\phi} \tag{2-68}$$

で与えられるが，Φ は 2π の回転対称性をもつ，すなわち $\Phi(\phi+2\pi) = \Phi(\phi)$ という境界条件を満たすためには，m は整数でなければならない．したがって，ϕ 成分の波動方程式は

$$\frac{\partial^2\Phi}{\partial\phi^2} = -m^2\Phi \tag{2-69}$$

と書け，解は

$$\Phi_m(\phi) = A_m e^{\pm im\phi} \quad (m:整数) \tag{2-70}$$

で与えられる．規格化定数は

$$\int_0^{2\pi} \Phi^* \Phi d\phi = 1 \tag{2-71}$$

より，

$$A_m = \frac{1}{\sqrt{2\pi}} \tag{2-72}$$

で与えられる．

（2） r, θ 成分の分離と θ 成分の解

(2-66)式の左辺を m^2 と置き，$\sin^2\theta$ で割り整理すると，r, θ 成分は

$$\frac{r^2}{R}\left(\frac{d^2R}{dr^2} + \frac{2}{r}\frac{dR}{dr}\right) + r^2 \frac{2m_e}{\hbar^2}\left(\frac{Ze^2}{4\pi\varepsilon_0 r} + E\right)$$
$$= -\frac{1}{\Theta \sin\theta}\frac{\partial}{\partial \theta}\left(\sin\theta \frac{\partial \Theta}{\partial \theta}\right) + \frac{m^2}{\sin^2\theta} \tag{2-73}$$

と，左辺は r のみの，右辺は θ のみの関数となるので，恒等的に成り立つには両辺が一定値をとらねばならない．その値を λ とし Θ をかけると，右辺は

$$\frac{1}{\sin\theta}\frac{\partial}{\partial \theta}\left(\sin\theta \frac{\partial \Theta}{\partial \theta}\right) - \left(\frac{m^2}{\sin^2\theta} + \lambda\right)\Theta = 0 \tag{2-74}$$

と書くことができる．ここで，θ の代わりに変数 $z = \cos\theta$ を導入し $\Theta(\theta) = AP(z)$ とすると，$\sin^2\theta = 1 - z^2$ および，$\dfrac{d\Theta}{d\theta} = A\dfrac{dP}{dz}\dfrac{dz}{d\theta} = -A\dfrac{dP}{dz}\sin\theta$ であることに注意し(2-74)式を書き改めると，

$$\frac{d}{dz}\left\{(1-z^2)\frac{dP(z)}{dz}\right\} + \left(\lambda - \frac{m^2}{1-z^2}\right)P(z) = 0 \tag{2-75}$$

となる．この方程式はルジャンドル(Legerdre)の陪方程式とよばれ，$-1 < z < 1$ の区間における解の性質は，数学公式集にも記載されておりよく知られている．導出法は専門書にまかせるとして，以下のような性質がある．

2.4 水素様原子

（ⅰ）$\lambda = l(l+1)$ $(l = 0, 1, 2, \cdots \leq m)$ のとき，$l - |m|$ 次の多項式解 $P_l^{|m|}(z)$ が得られる．

（ⅱ）$P_l^{|m|}(z)$ は次式で与えられる．

$$P_l^{|m|}(z) = (1-z^2)^{\frac{|m|}{2}} \frac{d^{|m|}P_l(z)}{dz^{|m|}} \tag{2-76}$$

ここで，$P_l(z)$ はルジャンドル関数とよばれ次式で与えられる．

$$P_l(z) = \frac{(-1)^l}{2^l l!} \frac{d^l}{dz^l}(1-z^2)^l \tag{2-77}$$

（ⅲ）直交関係式

$$\int_{-1}^{1} P_l^m(z) P_n^m(z) \, dz = \begin{cases} \dfrac{2}{2l+1} \dfrac{(l+|m|)!}{(l-|m|)!} & l = n \\ 0 & l \neq n \end{cases} \tag{2-78}$$

が成り立ち，これらの式から規格化した波動関数の θ 成分は

$$\Theta_{l,m} = \sqrt{\frac{2l+1}{2} \frac{l-|m|}{l+|m|}} \, P_l^{|m|}(\cos\theta) \tag{2-79}$$

となる．なお，l を方位量子数というが，習慣的に $l = 0, 1, 2, 3, \cdots$ に対応して，$s, p, d, f, \cdots$ 状態ということが多い．次章で示すが l は電子の軌道角運動量の大きさを与える量で，これに対し m は角運動量の z 軸方向成分を表す．

 θ, ϕ 両成分をまとめた関数

$$Y_l^m(\theta, \phi) = \Theta_{l,m}(\theta) \cdot \Phi_m(\phi) \tag{2-80}$$

を球面調和関数とよび，規格化条件を含めた一般式は，

$$Y_l^m(\theta, \phi) = (-1)^{(m+|m|)/2} \sqrt{\frac{2l+1}{4\pi} \frac{(l-|m|)!}{(l+|m|)!}} \, P_l^{|m|}(\cos\theta) e^{im\phi} \tag{2-81}$$

で与えられる．

低次の解を，具体的に書き下すと，

$$Y_0^0 = \frac{1}{\sqrt{4\pi}}$$

$$Y_1^0 = \sqrt{\frac{3}{4\pi}} \cos\theta, \quad Y_1^{\pm 1} = \mp\sqrt{\frac{3}{8\pi}} \sin\theta \, e^{\pm i\phi}$$

$$Y_2^0 = \sqrt{\frac{5}{16\pi}} (3\cos^2\theta - 1)$$

$$Y_2^{\pm 1} = \mp\sqrt{\frac{15}{8\pi}} \sin\theta \cos\theta \, e^{\pm i\phi}$$

$$Y_2^{\pm 2} = \sqrt{\frac{15}{32\pi}} \sin^2\theta \, e^{\pm 2i\phi} \tag{2-82}$$

となる.

$Y_l^m(\theta,\phi)$ は θ,ϕ 空間で規格直交系をなし,

$$\int_0^\pi \int_0^{2\pi} Y_l^{m*} Y_{l'}^{m'} \sin\theta \, d\theta \, d\phi = \delta_{ll'}\delta_{mm'} \tag{2-83}$$

を満たす. また, 次章で示すように軌道角運動量を与える関数となっている. なお, θ,ϕ 成分の式にはエネルギー固有値は含まれず, エネルギー固有値に直接には関係しない.

(3) r 成分

r 成分と θ 成分を分離する (2-73) 式において, 左辺は r 成分のみの項で定数 λ に等しい. θ 成分を求めるときの条件より求まった $\lambda = l(l+1)$ を使い R/r をかけて整理すると, r 成分の微分方程式

$$r\frac{d^2R}{dr^2} + 2\frac{dR}{dr} + \left\{\frac{Ze^2 m_e}{4\pi\varepsilon_0 \hbar^2} + \frac{2m_e}{\hbar^2}Er - \frac{l(l+1)}{r}\right\}R = 0 \tag{2-84}$$

を得る. ここで注意する必要があるのは, エネルギー固有値 E を含む式は r 成分のみであり, この式を解くことにより, はじめて水素原子のエネルギー固有値を求めることができる.

(2-84) 式をさらに簡単にするため,

$$\alpha^2 = -\frac{2m_e}{\hbar^2}E, \qquad \beta = \frac{m_e Ze^2}{4\pi\varepsilon_0 \hbar^2 \alpha} \tag{2-85}$$

2.4 水素様原子

というパラメータを導入し，さらに変数を $x = 2\alpha r$ に変換し，(2-84)式を変形すると

$$\frac{d^2R}{dx^2} + \frac{2}{x}\frac{dR}{dx} + \left\{\frac{\beta}{x} - \frac{1}{4} - \frac{l(l+1)}{x^2}\right\}R = 0 \tag{2-86}$$

となる．この微分方程式はラゲール(Laguerre)の陪微分方程式と関連づけることができ，解は

$$R_{n,l}(x) = A_{n,l} e^{-x/2} x^l L_{n+1}^{2l+1}(x) \tag{2-87}$$

で与えられることがわかっている．ここで，$L_{n+1}^{2l+1}(x)$ をラゲールの陪多項式とよび

$$L_{n+1}^{2l+1}(x) = \sum_{i=0}^{n-l-1} (-1)^{i+2l+1} \frac{\{(i+l)!\}^2}{(n-l-1-i)!(2l+1+i)!i!} x^i \tag{2-88}$$

で与えられる(ここで，$0! = 1$ とする)．この多項式が有限級数であれば因子 $e^{-x/2}$ より $r \to \infty$ で $R_{n,l}(r) \to 0$ となり境界条件を満足する．この級数が有限項で閉じるためにはパラメータ β が

$$\beta = n = i + l + 1 \tag{2-89}$$

で与えられる自然数であればよいことがわかっているので，(2-85)式において $\beta = n$ と置きエネルギー固有値を求めると，

$$E_n = -\frac{Z^2 m_e e^4}{2(4\pi\varepsilon_0)^2 \hbar^2} \frac{1}{n^2} \quad (n = 1, 2, 3, \cdots) \tag{2-90}$$

が得られる．ただし，(2-89)式から $n \geq l+1$ という条件がつく．なお，この結果は，ボーアのモデルで求められた(1-13)式と一致しており，バルマーの法則((1-9)式)を満足する．

次に波動関数について考える．先に，変数を $x = 2\alpha r$ と変換したが，定数 α は固有エネルギーがわかれば(2-85)式より求まる．$n = 1$ の基底状態について求めると，

$$\alpha = \frac{Zm_e e^2}{4\pi\varepsilon_0 \hbar^2} \tag{2-91}$$

となるが，Z(核の電荷数)を 1 とすると，この値は (1-16) 式で与えられるボーア半径 $a_0 = 4\pi\varepsilon_0\hbar^2/m_e e^2$ の逆数に等しい．一般の n については

$$x = \frac{2Z}{na_0}r \tag{2-92}$$

となる．次に，規格化定数を求めてみよう．ラゲールの陪多項式についての積分公式として

$$\int_0^\infty e^{-\rho}\rho^{2l}L_{n+1}^{2l+1}(\rho)L_{n'+1}^{2l+1}(\rho)\rho^2 d\rho = \begin{cases} \dfrac{2n\{(n+l)!\}^3}{(n-l-1)!} & n=n' \\ 0 & n \neq n' \end{cases} \tag{2-93}$$

が知られており，これより，規格化された水素様原子の動径方向波動関数は

$$R_{nl}(r) = -\left[\left(\frac{2Z}{na_0}\right)^3 \frac{(n-l-1)!}{2n\{(n+l)!\}^3}\right]^{\frac{1}{2}} e^{-\frac{Zr}{na_0}}\left(\frac{2Zr}{na_0}\right)^l L_{n+1}^{2l+1}\left(\frac{2Zr}{na_0}\right) \tag{2-94}$$

で与えられる．ここで，マイナス符号は展開したときの第 1 項が正となるためにつけたものである．$0! = 1$ として低次の動径方向波動関数を書き下すと，

$$R_{1s}(r) = R_{10}(r) = \left(\frac{Z}{a_0}\right)^{\frac{3}{2}} 2e^{-\frac{Zr}{a_0}}$$

$$R_{2s}(r) = R_{20}(r) = \left(\frac{Z}{a_0}\right)^{\frac{3}{2}} \frac{1}{\sqrt{2}}\left(1 - \frac{1}{2}\frac{Zr}{a_0}\right)e^{-\frac{Zr}{2a_0}}$$

$$R_{2p}(r) = R_{21}(r) = \left(\frac{Z}{a_0}\right)^{\frac{3}{2}} \frac{1}{2\sqrt{6}} \frac{Zr}{a_0} e^{-\frac{Zr}{2a_0}}$$

$$R_{3s}(r) = R_{30}(r) = \left(\frac{Z}{a_0}\right)^{\frac{3}{2}} \frac{2}{3\sqrt{3}}\left\{1 - \frac{2}{3}\frac{Zr}{a_0} + \frac{2}{27}\left(\frac{Zr}{a_0}\right)^2\right\}e^{-\frac{Zr}{3a_0}}$$

$$R_{3p}(r) = R_{31}(r) = \left(\frac{Z}{a_0}\right)^{\frac{3}{2}} \frac{8}{27\sqrt{6}} \frac{Zr}{a_0}\left\{1 - \frac{1}{6}\frac{Zr}{a_0}\right\}e^{-\frac{Zr}{3a_0}}$$

$$R_{3d}(r) = R_{32}(r) = \left(\frac{Z}{a_0}\right)^{\frac{3}{2}} \frac{4}{81\sqrt{30}}\left(\frac{Zr}{a_0}\right)^2 e^{-\frac{Zr}{3a_0}} \tag{2-95}$$

が得られる．**図 2-7** にグラフとして示しておく．

2.4 水素様原子

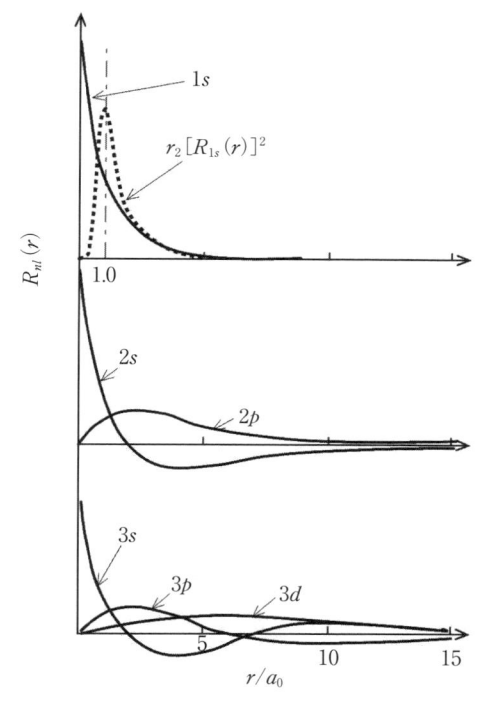

図 2-7 水素原子の動径方向波動関数. 点線は $1s$ 状態の半径 r の球殻内の電子密度. 1点鎖線は半径 r の球殻に含まれる電子の存在確率. 最大値がボーア半径 a_0 に一致する.

以上の結果をまとめると, 水素様原子の波動関数は
$$\psi_{nlm}(r, \theta, \phi) = R_{nl}(r) Y_l^m(\theta, \phi) = R_{nl}(r) P_l^m(\cos\theta) e^{im\phi} \quad (2\text{-}96)$$
で与えられる. ここで,

$$n = 1, 2, 3, \cdots\cdots \qquad :\text{主量子数}$$
$$l = 0, 1, 2, 3, \cdots\cdots \leq n-1 \qquad :\text{方位量子数}$$
$$(s, p, d, f, \cdots)$$
$$m = -l, -l+1, \cdots\cdots, l-1, l \qquad :\text{磁気量子数}$$

であり, 固有エネルギーは

第 2 章　量子力学の方法 I

$$E_n = -\frac{Z^2 m_e e^4}{2(4\pi\varepsilon_0)^2 \hbar^2}\frac{1}{n^2} = -\frac{Z^2 e^2}{2(4\pi\varepsilon_0) a_0}\frac{1}{n^2}$$

$$a_0 = \frac{4\pi\varepsilon_0 \hbar^2}{m_e e^2}$$

(2-97)

で与えられる．基底状態は $n=1$, $l=m=0$ の状態 (1s 状態とよぶ) で，そのエネルギーは $E_{1s} = -2.18\times10^{-18}$ J $= -13.6$ eV である．

2.4.3　物理的考察

前節では水素様原子の波動方程式の数学的解法をいささか形式的に述べたが，ここで得られた解の物理的意味を考察する．

（1）基底状態

(2-90) 式より，最低エネルギー状態は $n=1$ で，この場合 l についての条件式より，$l=0$, $m=0$ である．したがって，波動関数には角度依存性はなく球対称である．動径関数は R_{10} であり電子密度は単純に指数関数的に減衰する．

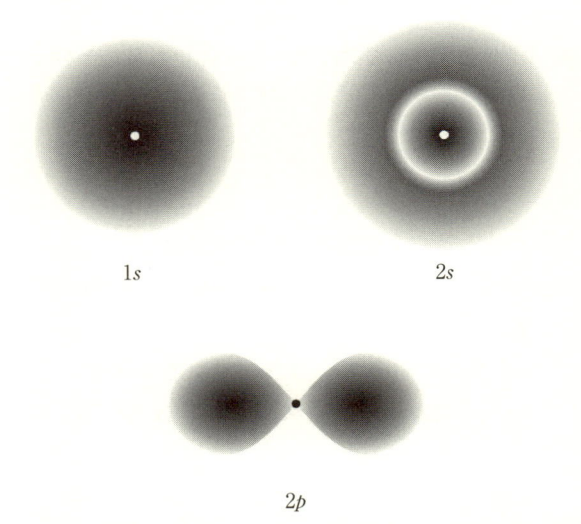

図 2-8　水素原子の基底状態 (1s) と第 1 励起状態 (2s, 2p) の電子雲の概略図．

● 2p, 3d 軌道の実関数表示

p 軌道 ($l=1$) は, $m=0, \pm 1$ について 3 重に, d 軌道 ($l=2$) は $m=0, \pm 1, \pm 2$ について 5 重に縮退している. このような場合, 波動関数の解は一義的に決まらず, それらの任意の 1 次結合も同じ固有エネルギーをもつ固有関数である. p, d 軌道については以下に示すような実関数表示を使うことが多い. 特に, 結晶中での電子状態を論ずるときに便利である.

p 軌道については $f(r) = \sqrt{3/4\pi}\,(R_{2p}(r)/r)$ とすると,

$$p_x = \frac{1}{\sqrt{2}}(-\psi_{211} + \psi_{21-1})$$
$$= \sqrt{\frac{3}{4\pi}}\frac{R_{2p}(r)}{r} r \sin\theta \cos\phi = f(r)x \tag{2-98a}$$

$$p_y = \frac{i}{\sqrt{2}}(\psi_{211} + \psi_{21-1})$$
$$= f(r) r \sin\theta \sin\phi = f(r)y \tag{2-98b}$$

$$p_z = \psi_{210} = f(r) r \cos\theta = f(r)z \tag{2-98c}$$

d 軌道については, $g(r) = \sqrt{5/16\pi}\,R_{3d}(r)/r^2$ とすると,

$$d_{z^2} = \psi_{320} = g(r) r^2 (3\cos^2\theta - 1)$$
$$= g(r)(3z^2 - r^2) \tag{2-99a}$$

$$d_{x^2-y^2} = \frac{1}{\sqrt{2}}(\psi_{322} + \psi_{32-2})$$
$$= \sqrt{3}\,g(r) r^2 \sin^2\theta \cos 2\phi = \sqrt{3}\,g(r)(x^2 - y^2) \tag{2-99b}$$

$$d_{xy} = \frac{i}{\sqrt{2}}(-\psi_{322} + \psi_{32-2})$$
$$= \sqrt{3}\,g(r) r^2 \sin^2\theta \sin 2\phi = 2\sqrt{3}\,g(r) xy \tag{2-99c}$$

$$d_{yz} = \frac{i}{\sqrt{2}}(\psi_{321} + \psi_{32-1})$$
$$= 2\sqrt{3}\,g(r) r^2 \sin\theta \cos\theta \sin\phi = 2\sqrt{3}\,g(r) yz \tag{2-99d}$$

$$d_{zx} = \frac{1}{\sqrt{2}}(-\psi_{321} + \psi_{32-1})$$
$$= 2\sqrt{3}\,g(r) r^2 \sin\theta \cos\theta \cos\phi = 2\sqrt{3}\,g(r) zx \tag{2-99e}$$

が得られる.

●2次元振動膜との比較

　シュレーディンガー波動方程式の解についての理解を深めるため，古典的な振動である2次元振動膜の振動モードと比較する．**図 2-9** に古典的な波動として，周辺を固定した2次元円状膜である太鼓(ティンパニー)の振動モード(高調波)を示すが，球対称を円対称に節面を節線と読み替えれば類似する振動モードが見られ，節線数が増えるほど振動数(エネルギーに対応)が増加することが見てとれるであろう．

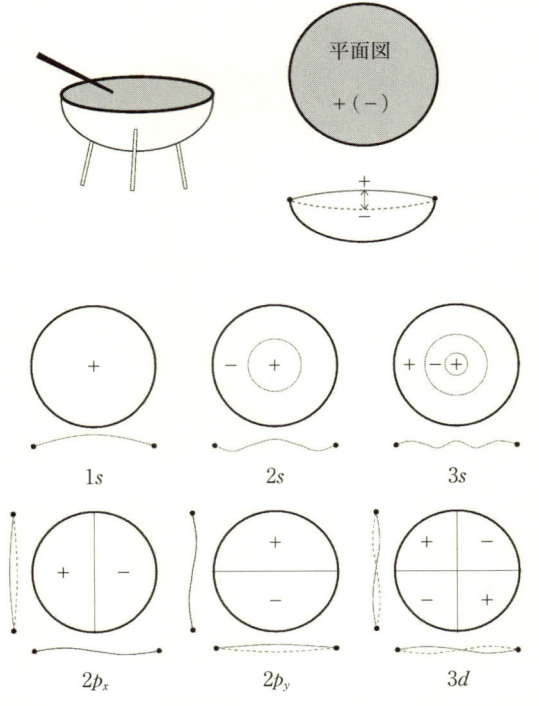

図 2-9　ティンパニー(周辺を固定した2次元振動膜)の振動モード．

その様子を図 2-7 および**図 2-8**に示すが，要するに，中心にある正電荷が電子雲を引きつけた状態である．このときポテンシャルエネルギーは電子雲が中心に集まる，つまり収縮するほど減少(負の値の絶対値が増加)するが，先に述べたように，電子を狭い領域に閉じ込めようとすると運動エネルギーが増加するので適当な大きさに収まる．図 2-7 の点線は，$1s$ 状態の電子雲の球殻素片 ($4\pi r^2 dr$) に対する密度，すなわち，$4\pi r^2 R_{10}^2$ を示すが，最大密度を示す半径はボーア半径 a_0 に一致する．また，エネルギーもボーアモデルで得られる値と完全に一致する．ただし，球対称に分布する電子雲の形は太陽系モデルとはほど遠いものであり，また後に示すが，$1s$ 状態の軌道角運動量はボーアモデルが予言する $\hbar$ ではなく，0 である．ただし，電子は自転しており，その角運動量(スピン角運動量)は $\hbar/2$ であることが後に示された．

(2) 励起状態($2s, 2p$)

2 番目にエネルギーの高い状態(第 1 励起状態)は $n=2$ に属する，$l=0(2s)$ および，$l=1$ の場合であり，$l=1$ の状態は複素数表示だと，$m=-1,0,1$ の 3 つの状態，実関数表示だと，p_x, p_y, p_z の 3 つの状態が対応する．いずれにしても第 1 励起状態は 4 重に縮退している．この内，$2s$ 状態は図 2-8 に示すように原子核位置に最大密度をもつ球対称分布をするが，動径方向に振動しており 1 個の節球面をもつ．$2p$ 状態は電子密度が x 軸(または y 軸，z 軸)方向に伸びており，$x=0$ 面が節面($\psi=0$ の面)となっている．いずれの場合も 1 枚の節面をもつのが特徴である．さらに，$n=2$ に属する第 2 励起状態は図示しないが，2 面の節面をもつ関数である．

演習問題 2-1

有限ポテンシャル箱の中の電子について，束縛解が 4 つ以上存在し得る条件を求めよ．

演習問題 2-2

（1） 各辺の長さが L_x, L_y, L_z の直方体箱内の電子のエネルギー準位与える式を求めよ．

（2） $L_x = L_y = L$, $L_z = 2L$ のとき，最低エネルギー準位の値を 1.0 とし，低い方から 5 番目までのエネルギー準位および縮退数を求めよ．このとき，対応する n_x, n_y, n_z の値も示せ．

演習問題 2-3

（1） 1次元調和振動体について $n = 5$ の波動関数を求めよ．

（2） これと同じエネルギーをもつ古典振動子の振幅を，(2-39)式で定義される ξ 値で求めよ．

演習問題 2-4

水素原子の基底状態（$n = 1$）と，第一励起状態（$n = 2$）間のエネルギー差を求め，これに相当する電磁波の波長を求めよ．エネルギーの単位は eV，波長は nm とせよ．

第3章

量子力学の方法 II
―物理量と演算子―

　前章ではシュレーディンガー方程式を適当な境界条件で解くことにより，与えられた系の取り得るエネルギーと対応する波動関数（電子密度分布）が求められることを述べたが，例えば金属中を伝搬する電子の速度（運動量）などはどのようにして求めればいいのだろうか？　本章では，物理量と演算子の関係について説明する．

3.1　量子力学における運動量

　シュレーディンガーの波動方程式（(2-1)式）は，運動量を表す演算子として

$$p_x = \frac{\hbar}{i}\frac{\partial}{\partial x}, \quad p_y = \frac{\hbar}{i}\frac{\partial}{\partial y}, \quad p_z = \frac{\hbar}{i}\frac{\partial}{\partial z} \tag{3-1}$$

を定義することにより，

$$\frac{1}{2m}(p_x^2 + p_y^2 + p_z^2)\psi + V(x, y, z)\psi = E\psi \tag{3-2}$$

と書ける．いいかえれば，演算子

$$\begin{aligned}\mathcal{H} &= \frac{1}{2m}(p_x^2 + p_y^2 + p_z^2) + V(x, y, z) \\ &= -\frac{\hbar^2}{2m}\left(\frac{\partial^2}{\partial x^2} + \frac{\partial^2}{\partial y^2} + \frac{\partial^2}{\partial z^2}\right) + V(x, y, z)\end{aligned} \tag{3-3}$$

を定義することにより，シュレーディンガー方程式は

$$\mathcal{H}\psi = E\psi \tag{3-4}$$

と表現できる．

　$\mathcal{H}$ は古典力学の［運動エネルギー］＋［ポテンシャルエネルギー］の型を

していることに注意すると，全エネルギーを表す演算子と見なせる．$\mathcal{H}$ をハミルトニアン(Hamiltonian)とよぶ．同時に，$(\hbar/i)(\partial/\partial x)$ は x 方向への運動量を表す演算子と見なせることがわかる．

したがって，シュレーディンガー方程式を解くということは，問題とする系のハミルトニアンを求め，境界条件を設定し，その固有値(エネルギー)，固有関数を求めることといえる．

●数学の復習(固有方程式と固有値)

一般に，演算子 A (微分記号など)を関数 $f(\mathbf{r})$ に作用させると，$Af(\mathbf{r}) = g(\mathbf{r})$ のように異なった関数に変換される．しかし，特別な場合，$Af(\mathbf{r}) = af(\mathbf{r})$ (a は定数)となることがある．この関係式を固有方程式といい，$f(\mathbf{r})$ を固有関数，a を固有値とよぶ．

もう少し一般的にいうと，量子力学においては，問題とする物理量に対する演算子を定義し，それを波動関数 ψ に作用させることにより，ψ で表せる状態にある電子の物理量(エネルギー，運動量など)を求めることができる．このとき，固有方程式が成り立つときのみ，その状態に対応する物理量(固有値)は正確に定まる．すなわち，何度観測してもいつも同じ値が得られる．それに反し，固有方程式が成り立たない場合はその物理量は正確には定まらない．すなわち，その量を観測するごとに異なった値が得られる．ただし，その平均値は，

$$\langle a \rangle = \frac{\iiint \psi^* A \psi \, dxdydz}{\iiint \psi^* \psi \, dxdydz} \tag{3-5}$$

で与えられる．ここで，ψ^* は ψ の複素共役関数である．また，ψ が規格化された関数であれば当然，分母 $=1$ である．

3.2 自由電子の運動量

3.2.1 周期的境界条件による自由電子の波動関数

前章で求めた箱の中に閉じ込められた電子は，境界で振幅が 0 となる定在波なので，伝導現象などを含めた金属中の電子の運動を記述するには向いていない．そこで，より一般的な境界条件として，少し人為的であるが，周期的境界

3.2 自由電子の運動量

条件 $\phi(x+L)=\phi(x)$ を適用して波動関数を求める．ここで，L は試料の大きさなどマクロな量で，1次元の場合，円周 L の円環状の針金中を運動する電子をイメージすればよい．

$V=0$ の場合，1次元シュレーディンガー方程式の一般解は，$\phi(x)=\alpha e^{ikx}+\beta e^{-ikx}$ で与えられたが，周期的境界条件 $\phi(x+L)=\phi(x)$ を満たすためには，

$$e^{\pm ikL}=\cos(kL)\pm i\sin(kL)=1 \tag{3-6}$$

が成り立てばよい．

そのためには，$k_nL=2\pi n$ $(n=0,\pm1,\pm2,\cdots)$ であればよく，周期的境界条件を満たす解は

$$\psi_n(x)=A_ne^{ik_nx}+B_ne^{-ik_nx},$$
$$k_n=\frac{2\pi}{L}n \quad (n=0,\pm1,\pm2,\cdots) \tag{3-7}$$

となり，固有エネルギーは

$$E_{k_n}=\frac{\hbar^2}{2m}k_n^2=\frac{\hbar^2}{2m}\left(\frac{2\pi}{L}\right)^2n^2 \tag{3-8}$$

で与えられる．ここで n は，箱の中の自由電子の場合の (2-13) 式に対しては自然数であったのに対し，周期的境界条件では整数であることに注意しよう．また，k_n は L がマクロ量であるため，ほとんど連続的に分布するので，以下では n を省略する．係数 A_n, B_n は長さ L の中に電子1個が存在すると考え，規格化条件を満たすように与えればよい．

3.2.2 運動量

周期的境界条件の下で求めた1次元自由電子の波動関数 (3-7) 式について，その運動量を調べてみよう．そのため，波動関数 $\psi_k(x)=A_ke^{ikx}+B_ke^{-ikx}$ に運動量演算子を働かせると，

$$p_x\psi_k(x)=\frac{\hbar}{i}\frac{d}{dx}(A_ke^{ikx}+B_ke^{-ikx})$$
$$=\hbar k(A_ke^{ikx}-B_ke^{-ikx})e^{ikx}\neq\hbar k\psi_k(x) \tag{3-9}$$

となり，運動量については固有状態でない．しかし，$B_k=0$ とすると，

$$p_x \psi_k(x) = \frac{\hbar}{i}\frac{d}{dx}A_k e^{ikx} = \hbar k A_k e^{ikx} = \hbar k \psi_k(x) \tag{3-10}$$

となり，波動関数

$$\psi_k(x) = A_k e^{ikx} \tag{3-11}$$

はエネルギーの固有状態であると同時に，運動量固有値 $p_x=\hbar k$ をもつ状態を表すことがわかる．ここで，規格化定数 A_k は周期 L 内で規格化されると考えるので

$$\int_0^L \psi_k^* \psi_k \, dx = A_k^2 \int_0^L dx = 1 \tag{3-12}$$

より

$$A_k = A = \frac{1}{\sqrt{L}} \tag{3-13}$$

で与えられる．以上をまとめると，周期的境界条件を満たす1次元進行波型自由電子の波動関数，固有エネルギー，運動量は

$$\psi_k(x) = A e^{ikx} = \frac{1}{\sqrt{L}} e^{ikx}, \quad E_k = \frac{\hbar^2}{2m}k^2, \quad p_k = k\hbar \tag{3-14}$$

で与えられる．以下，この状態の性質をもう少し詳しく調べる．

k は波数 $2\pi/\lambda$ に相当するので $p_x=\hbar k/2\pi=h/\lambda$ となり，ド・ブロイの関係式が成り立つ．このとき電子密度分布は $\rho(x)=\psi^*(x)\psi(x)=A^2 e^{-ikx}e^{ikx}$ $=1/L$（一定）となり，空間中に一様に分布する．すなわち，電子の位置は定まらない．いいかえれば，運動量は正確に定まるので不確定性がなく，$\Delta p=0$ と見なせ，位置は定まらないので $\Delta x=\infty$ と見なせる．したがって，ハイゼンベルグの不確定性関係 $\Delta p \Delta x \gtrsim h$ と矛盾しない．

一方，箱の中の電子の型の波動関数について見ると，

$$p_x \sin(kx) = \frac{\hbar}{i}\frac{d}{dx}\sin(kx) = \frac{\hbar}{i}k\cos(kx) \tag{3-15}$$

となり，固有状態でないことがわかる．このとき，運動量の平均値は0となる（**演習問題 3-1**）．

3.2.3 電子の粒子像と不確定性原理

電子はその発見の経緯からしても粒子としてイメージされることが多く，前項で求めた進行波型の波動関数は，空間中を一様に分布するのでこのイメージにそぐわない．運動量 p で運動する電子の粒子像を表すには，**図 3-1** に示すように，波数 $k_0 = p/\hbar$ を中心に，その周辺の波数の波を集めて波束を作ればよい．具体的に，波数が標準偏差 $\Delta k = 1/\sigma$ のガウス関数で分布する波動を合成してみよう．合成波動関数は

$$\psi(x) = A\int_{-\infty}^{\infty} e^{-(k-k_0)^2/2\Delta k^2} e^{ikx} dk = A\int_{-\infty}^{\infty} e^{-\sigma^2(k-k_0)^2/2} e^{ikx} dk \quad (3\text{-}16)$$

で与えられ，変数 $\xi = k - k_0$ を定義すると，

$$\psi(x) = Ae^{ik_0 x}\int_{-\infty}^{\infty} e^{-\sigma^2\xi^2/2} e^{i\xi x} d\xi$$

$$= Ae^{ik_0 x}\left\{\int_{-\infty}^{\infty} e^{-\sigma^2\xi^2/2}\cos(\xi x)\,d\xi + i\int_{-\infty}^{\infty} e^{-\sigma^2\xi^2/2}\sin(\xi x)\,d\xi\right\} \quad (3\text{-}17)$$

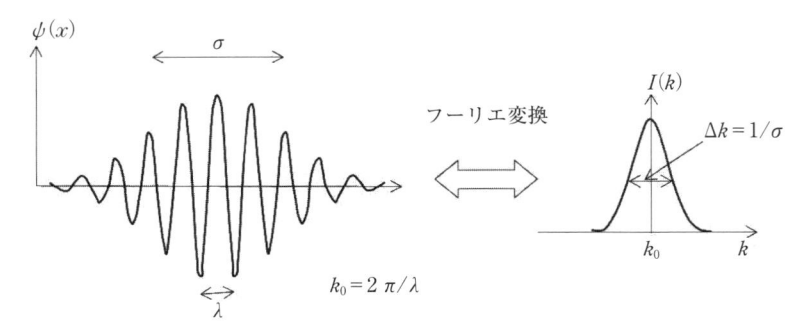

図 3-1 波束の広がりとフーリエ成分の関係．左図は，右図のように，波数 k_0 を中心にガウス分布で与えられるフーリエ成分をもつ余弦波を合成した波束を表す．すなわち $\psi(x) = \sum_k \exp\{-(k-k_0)^2/2(\Delta k)^2\}\cos(kx)$ で与えられる．波束の広がり σ と，分布関数の幅 Δk は反比例の関係にある．これは，古典的な波についての図であるが，量子力学の波動関数についても同じような関係がある．

と書ける．ここで，虚数項の被積分関数は ξ についての偶関数と奇関数の積の積分なので 0 となり，積分公式 $\int_{-\infty}^{\infty} e^{-\sigma^2\xi^2/2}\cos(\xi x)\,d\xi = (\sqrt{2\pi}/\sigma)e^{-x^2/2\sigma^2}$ を使うと，

$$\phi(x) = A\frac{\sqrt{2\pi}}{\sigma}e^{ik_0 x}e^{-x^2/2\sigma^2} \tag{3-18}$$

が得られる．すなわち，波動関数は運動量 $p_0 = \hbar k_0$ の進行波の振幅が実空間で標準偏差 σ のガウス関数で変調された波束となり，σ の広がりをもつ粒子と見なしてよいことがわかる．ここで，位置の不確定さを $\Delta x = \sigma$ とすると，運動量の不確定さは $\Delta p = \hbar\Delta k = \hbar/\sigma$ であったので，$\Delta p\Delta x = \hbar$ と位置と運動量の不確定性関係が導かれる．つまり，シュレーディンガー波動方程式から出発して求めた電子のふるまいはハイゼンベルグが粒子の位置観測に関する思考実験より導いた，位置と運動量に関する不確定性関係(1-8)式とほぼ同等の関係式が得られる．

3.3　3次元自由電子

3.3.1　エネルギーと運動量

　以上は 1 次元自由電子の場合だが，3 次元への拡張は容易である．この場合ポテンシャルは $V_x(x) = V_y(y) = V_z(z) = 0$ の和と考えてよいので，変数分離法が適用でき，周期的境界条件のもとでは，3 次元自由電子の波動関数は，

$$\phi(\boldsymbol{r}) = Ae^{ik_x x}e^{ik_y y}e^{ik_z z} \tag{3-19}$$

$$k_\nu = \frac{2\pi}{L}n_\nu \quad (\nu : x, y, z, \quad n_\nu = 0, \pm 1, \pm 2, \cdots)$$

と書くことができ，エネルギー固有値は

$$E(\boldsymbol{k}) = \frac{\hbar^2}{2m_e}(k_x^2 + k_y^2 + k_z^2) \tag{3-20}$$

で与えられる．ここで運動量に対し，ベクトル演算子

$$\boldsymbol{p} = p_x\hat{\boldsymbol{x}} + p_y\hat{\boldsymbol{y}} + p_z\hat{\boldsymbol{z}} = \frac{\hbar}{i}\frac{\partial}{\partial x}\hat{\boldsymbol{x}} + \frac{\hbar}{i}\frac{\partial}{\partial y}\hat{\boldsymbol{y}} + \frac{\hbar}{i}\frac{\partial}{\partial z}\hat{\boldsymbol{z}} \tag{3-21}$$

3.3 3次元自由電子

を定義し，(3-19)式で与えられる進行波型の自由電子の波動関数 $\psi(\boldsymbol{r})$ に作用させると，

$$\boldsymbol{p}\psi(\boldsymbol{r}) = \frac{\hbar}{i}\left(\frac{\partial}{\partial x}\hat{\mathbf{x}} + \frac{\partial}{\partial y}\hat{\mathbf{y}} + \frac{\partial}{\partial z}\hat{\mathbf{z}}\right)Ae^{ik_x x}e^{ik_y y}e^{ik_z z}$$

$$= \hbar(k_x\hat{\mathbf{x}} + k_y\hat{\mathbf{y}} + k_z\hat{\mathbf{z}})Ae^{ik_x x}e^{ik_y y}e^{ik_z z} = \hbar\boldsymbol{k}\psi(\boldsymbol{r}) \quad (3\text{-}22)$$

となり，$\psi(\boldsymbol{r})$ は運動量の固有状態であり，固有値は $\boldsymbol{p} = \hbar\boldsymbol{k}$ であることがわかる．したがって，(3-19)式は，運動量 $\boldsymbol{p} = \hbar\boldsymbol{k}$ で進行する波を表す．

3.3.2 状態密度

　金属内の伝導電子を記述する最も簡単なモデルは自由電子モデルであり，個々の電子の状態はその波数ベクトル $\boldsymbol{k}$ により決まるが，全体としての性質はエネルギーが $\varepsilon \sim \varepsilon + d\varepsilon$ 間にある状態数，すなわち状態密度で決まることが多い．以下，自由電子の状態密度を求める．周期的境界条件の下で許される波数ベクトルは k_x, k_y, k_z を座標軸とする空間，すなわち $\boldsymbol{k}$ 空間内の点で表せる．図 3-2 はその k_x, k_y 面上の点を示す．許される k 点はそれぞれ，$\Delta k = 2\pi/L$ の間隔で1つあるので，k 空間では体積 $\Delta k^3 = (2\pi/L)^3 = 8\pi^3/V$ 当たり1個の k 点，したがって，k 空間の単位体積当たり $1/\Delta k^3 = V/8\pi^3$ 個の点(軌道)が存在する．

　エネルギーは $\varepsilon = (\hbar^2/2m_\mathrm{e})(k_x^2 + k_y^2 + k_z^2) = (\hbar^2/2m_\mathrm{e})k^2$ で与えられるので，半径 k の球面が等エネルギー面となる．状態密度は k 空間で $d\varepsilon$ に相当する厚さをもつ等エネルギー殻内にある k 点の数に相当するが，これは等エネルギー球面内の状態数 n を ε で微分することによって求まる．なお，後に示すが，各状態(k 点)は2個の電子が占有することができるので(パウリの禁律)，テキストによっては，状態数(k 点の数)の2倍を状態密度とすることがあるので注意する必要がある．

　エネルギーが $\varepsilon(k)$ 以下の電子の状態数 n は，半径 k の球内に含まれる k 点の数，すなわち

$$n = \frac{4}{3}\pi k^3 \frac{V}{8\pi^3} = \frac{V}{6\pi^2}k^3 = \frac{V}{6\pi^2}\left(\frac{2m_\mathrm{e}}{\hbar^2}\right)^{\frac{3}{2}}\varepsilon^{\frac{3}{2}} \quad (3\text{-}23)$$

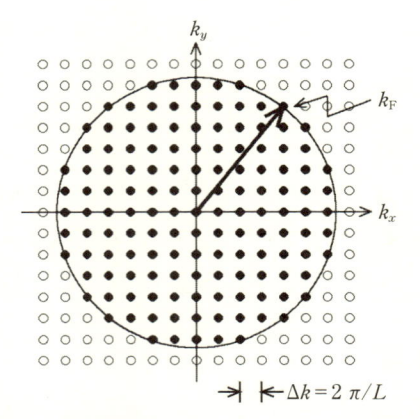

図 3-2 自由電子が取り得る波数 k を，k_x, k_y, k_z 軸とする座標で表した図（k 空間とよぶ）．$k_z=0$ の断面を表したもので，円は等エネルギー面を表す．N 個の電子が存在するとき，エネルギーは k^2 に比例して増加するので，電子は原点から同心円状に順に詰まってゆき，フェルミ波数 k_F とよばれる臨界半径まで詰まる．黒丸は電子が詰まった軌道，白丸は空軌道を表す．k 点の間隔は $2\pi/L$ であるが，L は試料の大きさに相当するマクロな量なので，実際にはほとんど連続に分布している．

で与えられる．したがって，自由電子の状態密度は

$$D(\varepsilon) = \frac{dn}{d\varepsilon} = \frac{V}{4\pi^2}\left(\frac{2m_e}{\hbar^2}\right)^{\frac{3}{2}}\varepsilon^{\frac{1}{2}} \tag{3-24}$$

と求まる．なお，境界条件として，2.1.3 項で述べた 3 次元箱の中の電子を採用すれば，$\Delta k = \pi/L$ なので，k 点の密度は濃くなるが，n_ν は自然数なので，$k_\nu > 0$，したがって第 1 象限内の k 点の数を数えるので n の値，したがって状態密度は周期的境界条件の場合と等しくなる．

実際に体積 V 内に電子が N 個存在するとき，1 つの状態に 2 個の電子が入るので，$n = N/2$ として(3-23)式を満足する波数を**フェルミ波数** k_F，エネルギーを**フェルミエネルギー** ε_F とよび，

$$k_F = \left(\frac{3\pi^2 N}{V}\right)^{\frac{1}{3}} \tag{3-25}$$

$$\varepsilon_{\mathrm{F}} = \frac{\hbar^2}{2m_{\mathrm{e}}} k_{\mathrm{F}}^2 = \frac{\hbar^2}{2m_{\mathrm{e}}} \left(3\pi^2 \frac{N}{V}\right)^{\frac{2}{3}} \tag{3-26}$$

で与えられる．

3.4 量子力学における角運動量

3.4.1 軌道角運動量の演算子

　角運動量の演算子は，古典力学における角運動量の定義 $\boldsymbol{L} = \boldsymbol{p} \times \boldsymbol{r}$ において，運動量 $\boldsymbol{p}$ を(3-1)式で与えられる演算子に置き換えることにより，

$$\begin{aligned}\hbar \boldsymbol{l} = \boldsymbol{r} \times \boldsymbol{p} &= (yp_z - zp_y)\hat{\mathbf{x}} + (zp_x - xp_z)\hat{\mathbf{y}} + (xp_y - yp_x)\hat{\mathbf{z}} \\ &= \hbar(l_x \hat{\mathbf{x}} + l_y \hat{\mathbf{y}} + l_z \hat{\mathbf{z}})\end{aligned} \tag{3-27}$$

で与えられる．ここで，角運動量の演算子を無次元量とするため両辺に $\hbar$ をかけておく．以下では，$\hbar$ を省略した無次元量を角運動量とよぶが，実際の角運動量の大きさはこれに $\hbar$ をかけたものであることに注意しておこう．

　(2-61)式で与えた直交座標系から極座標系への微分演算子の変換式を用い，角運動量演算子の各成分を極座標系 (r, θ, ϕ) に変換すると，

$$\hbar l_x = \frac{\hbar}{i}\left(y\frac{\partial}{\partial z} - z\frac{\partial}{\partial y}\right) = \frac{\hbar}{i}\left(-\sin\phi \frac{\partial}{\partial \theta} - \cot\theta \cdot \cos\phi \frac{\partial}{\partial \phi}\right) \tag{3-28a}$$

$$\hbar l_y = \frac{\hbar}{i}\left(z\frac{\partial}{\partial x} - x\frac{\partial}{\partial z}\right) = \frac{\hbar}{i}\left(\cos\phi \frac{\partial}{\partial \theta} - \cot\theta \cdot \sin\phi \frac{\partial}{\partial \phi}\right) \tag{3-28b}$$

$$\hbar l_z = \frac{\hbar}{i}\left(x\frac{\partial}{\partial y} - y\frac{\partial}{\partial x}\right) = \frac{\hbar}{i}\frac{\partial}{\partial \phi} \tag{3-28c}$$

が得られる．特に z 方向成分は容易に計算できる．

3.4.2 水素様原子の軌道角運動量

（1） z 方向成分

　(2-96)式で与えられる水素様原子の波動関数について，角運動量演算子を作用させてみよう．まず z 方向成分を調べると，

$$l_z \psi_{nlm}(\boldsymbol{r}) = \frac{1}{i}\frac{\partial}{\partial \phi}[R_{nl}(r)A_{lm}P_l^m(\cos\theta)e^{im\phi}]$$
$$= m[R_{nl}(r)A_{lm}P_l^m(\cos\theta)e^{im\phi}]$$
$$= m\psi_{nlm}(\boldsymbol{r}) \tag{3-29}$$

が成り立ち，$\psi_{nlm}(\boldsymbol{r})$ は l_z の固有状態であることがわかる．すなわち，いつ観測しても固有値 m が得られる．

次に，x 成分を調べると，

$$l_x \psi_{nlm}(\boldsymbol{r}) \neq C\psi_{nlm}(\boldsymbol{r}) \qquad (C：\text{定数}) \tag{3-30}$$

であり，$\psi_{nlm}(\boldsymbol{r})$ は l_x の固有関数でなく，角運動量の x 成分は定まらない．そこで，x 成分の平均値を調べることにする．なお，上の計算でわかるように，角運動量演算子には動径方向 r の微分を含まず，動径関数 $R_{nml}(\boldsymbol{r})$ は定数と見なせるので，以後，波動関数としては(2-81)式で与えられる球面調和関数のみを考えることにする．

(2) x, y 成分（昇降演算子による角運動量成分の計算）

x, y 方向成分の計算は少し面倒なので，

$$l_+ = l_x + il_y, \qquad l_- = l_x - il_y \tag{3-31}$$

なる演算子を定義する．逆に，l_x, l_y を l_+, l_- で表すと

$$l_x = \frac{l_+ + l_-}{2}, \qquad l_y = \frac{l_+ - l_-}{2i} \tag{3-32}$$

となる．そうすると，球面調和関数の性質により，

$$l_+ Y_l^m(\theta, \phi) = \sqrt{(l-m)(l+m+1)}\, Y_l^{m+1}(\theta, \phi) \tag{3-33a}$$
$$l_- Y_l^m(\theta, \phi) = \sqrt{(l+m)(l-m+1)}\, Y_l^{m-1}(\theta, \phi) \tag{3-33b}$$
$$l_z Y_l^m(\theta, \phi) = m Y_l^m(\theta, \phi) \tag{3-33c}$$

が一般的に成立する（**付録 B** 参照）．ここで，$-l \leq m \leq l$ であり，$l_+ Y_l^l = 0$，$l_- Y_l^{-l} = 0$ となることに注意しよう．このように，演算子 $l_+(l_-)$ は m が 1 つ大きい（小さい）状態に変換する演算子であり，**昇降演算子**とよばれる．この関係式を使い，l_x, l_y の平均値を計算する．

$Y_l^m(\theta, \phi)$ に l_x を作用させると，

$$l_x Y_l^m = \frac{1}{2}(l_+ + l_-)Y_l^m$$
$$= \frac{1}{2}[\sqrt{(l-m)(l+m+1)}\,Y_l^{m+1} + \sqrt{(l+m)(l+m-1)}\,Y_l^{m-1}]$$
(3-34)

となり，$m\pm 1$ の状態の和で表せる．したがって，状態 ψ_{nlm} に対する l_x の平均値は(3-5)式を適用し，

$$\langle l_x \rangle = \iint Y_l^{m*} l_x Y_l^m \sin\theta\, d\theta\, d\phi \tag{3-35}$$

を計算すればよい．球面調和関数の積分定理(2-83)式を使えば容易に $\langle l_x \rangle = 0$ となることがわかる．同様に，$\langle l_y \rangle = 0$ も成り立つ．

（3） 角運動量の大きさ（絶対値の2乗）

上に示したように，量子力学における角運動量の z 成分は常に一定であるが，x, y 成分は不定であり，平均値は0となる．したがって，コマの回転運動のような古典的な角運動量ベクトルと異なり，z 成分が最大値 l（コマの場合は垂直に立っているとき）をとる場合も x, y 成分は完全には0でなく揺らいでいる．これは角運動量に関する不確定性原理による．したがって，角運動量の絶対値（ベクトルの長さ）は l より大きいことが予想される．これを調べるため，各成分の2乗の和を昇降演算子法により計算する．

$$\boldsymbol{l}^2 = l_x^2 + l_y^2 + l_z^2 = \frac{1}{2}(l_+ l_- + l_- l_+) + l_z^2 \tag{3-36}$$

より，

$$\boldsymbol{l}^2 Y_l^m(\theta, \phi) = l(l+1) Y_l^m(\theta, \phi) \tag{3-37}$$

となり，$Y_l^m(\theta, \phi)$ は演算子 $\boldsymbol{l}^2$ の固有状態であり，固有値は $l(l+1)$ となる．いいかえれば，角運動量の絶対値（ベクトルの長さ）は $\sqrt{l(l+1)}\hbar$ と考えてよい．

以上をまとめると，水素様原子の軌道((2-80)式)は，絶対値 $\sqrt{l(l+1)}\hbar$，z 方向成分 $m\hbar$ が決まった値をもつ角運動量の固有状態であり，x, y 成分は不定でその平均値は0である．この様子を**図3-3**のような模式図で表すことがあ

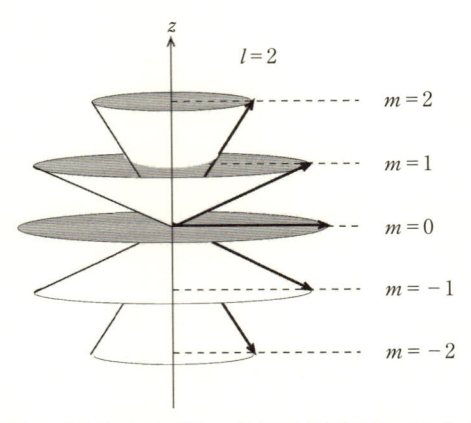

図 3-3 角運動量のベクトルモデル．矢印は角運動量ベクトルを表すが，その位置は円錐面のどこにあるかわからない．古典論の場合は，角周波数でラーモア(Larmor)の歳差運動をする．

る．これを角運動量のベクトルモデルとよぶ．磁性物理学の参考書では角運動量やそれに伴う磁気モーメントを演算子としてではなく，ベクトルとして取り扱うことが多いが，これは古典的なベクトルではなく上記のような性質を備えたベクトルであることに注意してほしい．

3.4.3 一般的な角運動量とスピン角運動量

軌道角運動量の場合，l は正整数であり，磁気量子数 m は $+l$ から $-l$ まで $2l+1$ の状態を取り得る．いいかえれば，磁気量子数 m は正負対称でかつ $\Delta m = 1$ の間隔でなければならない．このような条件は l が整数のときだけでなく，半整数 $1/2, 3/2, 5/2 \cdots$ についても可能であり，関係式 (3-33) 式を満足する状態が考えられる．しかし，半整数の角運動量固有値をもつ波動関数は存在せず，微分演算子である角運動量演算子の定義 (3-28) 式は使えない．古典力学において角運動量は，軌道回転運動の場合だけでなく剛体の回転の場合にも定義できたように，量子力学でも電子の自転に伴う角運動量(**スピン角運動量**)を表すためには，より一般的な状態関数と角運動量の定義が必要である．

ここで，角運動量の演算子と状態関数間の関係式 (3-33) 式に注目する．ここ

3.4 量子力学における角運動量

では，微分演算子と波動関数の角度部分の間の関係式になっているが，角運動量やその成分を計算するとき，波動関数の空間的な分布は知る必要はなく，その状態を表す量子数 l と m がわかれば十分であり，あえて微分や積分計算を実行する必要はなく，関係式を使えば角運動量の固有値や平均値は計算できる．そこで，状態を表す関数は $Y_l^m(\theta,\phi)$ の代わりに，より一般的な角運動状態を表す状態関数 χ_j^m を考え，関係式(3-33)式を角運動量演算子と回転状態の定義式と考える．すなわち，方位量子数 l の代わりに半整数も含むより一般的な角運動量の量子数 j，その z(磁場方向)成分の量子数 m をもつ状態関数 χ_m^j を定義すればよい．少し抽象的になったが，j が正整数すなわち軌道角運動量の場合は $\chi_j^m = Y_j^m(\theta,\phi)$ と球面調和関数に対応し，半整数であるスピン角運動量については空間座標の波動関数で表すことはできない．

このような表示を使い，(3-33)式に対応する関係式は

$$j_+ \chi_j^m = \sqrt{(j-m)(j+m+1)}\chi_j^{m+1} \tag{3-38a}$$

$$j_- \chi_j^m = \sqrt{(j+m)(j-m+1)}\chi_j^{m-1} \tag{3-38b}$$

$$l_z \chi_j^m = m \chi_j^m \tag{3-38c}$$

$$(-j \leq m \leq j)$$

と書ける．ここで状態 χ_j^m は，全角運動量が $\sqrt{j(j+1)}\hbar$，その z 成分が $m\hbar$ の固有状態を表す．ここでは，これらの関係式を満たす演算子を角運動量演算子の定義とする．このとき，l の場合と同様に，

$$j_x = \frac{1}{2}(j_+ + j_-), \qquad j_y = \frac{1}{2i}(j_+ - j_-) \tag{3-39}$$

$$j^2 = j_x^2 + j_y^2 + j_z^2 = \frac{1}{2}(j_+ j_- + j_- j_+) + j_z^2 \tag{3-40}$$

の関係式が成り立ち，したがって，(3-37)式に対応して，

$$\boldsymbol{j}^2 \chi_j^m = j(j+1)\chi_j^m \tag{3-41}$$

が成り立ち，χ_j^m が j_z の固有状態であると同時に，全角運動量 $\boldsymbol{j}^2$ の固有状態でもあることがわかる．また，$j_+ \chi_j^j = 0$，$j_- \chi_j^{-j} = 0$ であり，m の取り得る範囲は，$m = -j, -j+1, \cdots, j-1, j$ の $2j+1$ 個に限られる．

●電子のスピン角運動量

電子はそれ自身回転していると見なしてよく，角運動量をもっている．この場合，回転方向の異なる2つの状態しか取り得ず，$j=1/2$ の場合に相当し，慣習的に j の代わりに s で表す．スピン状態関数は

$\alpha = \chi_{1/2}^{1/2}$ ：＋（または Up）スピン状態
$\beta = \chi_{1/2}^{-1/2}$：－（または Down）スピン状態

と定義する．これに関係式(3-38)式を適用すると，

$$s_z\alpha = \frac{1}{2}\alpha, \quad s_z\beta = -\frac{1}{2}\beta \tag{3-42a}$$

$$\boldsymbol{s}^2\alpha = \frac{3}{4}\alpha, \quad \boldsymbol{s}^2\beta = \frac{3}{4}\beta \tag{3-42b}$$

$$s_+\alpha = 0, \quad s_+\beta = \alpha, \quad s_-\alpha = \beta, \quad s_-\beta = 0 \tag{3-42c}$$

となり，電子スピン角運動量は，絶対値 $\frac{\sqrt{3}}{2}\hbar$，z 方向成分 $\pm\frac{1}{2}\hbar$ をもつ．したがって，ベクトル模型では**図 3-4** で表せる．なお，＋スピン状態を↑，－スピン状態を↓と表すこともある．

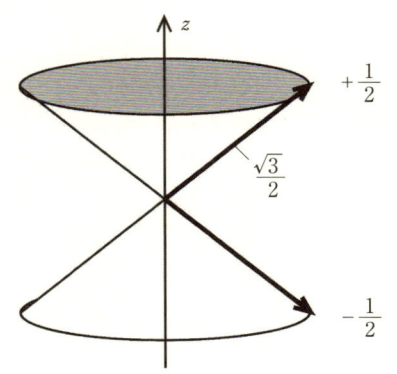

図 3-4 スピン角運動量のベクトルモデル．

●その他の角運動量

慣習的に1個の電子の軌道角運動量は l，スピン角運動量は s，軌道角運動量とスピン角運動量の和（全角運動量）を j，複数電子の合成角運動量はそれぞれ大文字で L, S, J，原子核のスピン角運動量を I で表す．ただし，これらは無次元量であり，角運動量の大きさはこれらに $\hbar$ をかけたものである．

3.5 いろいろな表示法

前節で求めたスピン角運動量の定義のように，量子力学における物理量は演算子と空間座標で表せる波動関数の組み合わせでは定義できない場合がある．ここでは，このような場合でも適用できるより一般的な表現法を紹介する．

3.5.1 ブラ・ケット表示

これは，ディラック（Dirac）が有名な教科書「量子力学」（参考書（4））で提唱した表現法である．その意味と一般的な取り扱いは原典にゆだねるとして，ここでは，単に表示法の違いとして，これまで述べてきたシュレーディンガー流の演算子＋波動関数による表示との対応関係と，主な性質を説明するにとどめておく．

（1） 固有方程式

演算子 $\mathcal{A}$ を波動関数 $\psi_n(\boldsymbol{r})$ に作用させ，固有方程式が成り立つ場合，この表示では

$$\mathcal{A}\psi_n(\boldsymbol{r}) = a_n \psi_n(\boldsymbol{r}) \Rightarrow \mathcal{A}|n\rangle = a_n|n\rangle \tag{3-43}$$

と表し，$|n\rangle$ を状態 n を表す**ケット**（またはケットベクトル）とよぶ．たとえば水素様原子に対するシュレーディンガー方程式（(3-4)式）は

$$\mathcal{H}\psi_{nlm}(\boldsymbol{r}) = E_n \psi_{nlm}(\boldsymbol{r}) \Rightarrow \mathcal{H}|n, l, m\rangle = E_n|n, l, m\rangle \tag{3-44}$$

と表示される．また一般的な角運動量の固有方程式（(3-38)式）は

$$j_+ \chi_j^m = \sqrt{(j-m)(j+m+1)} \chi_j^{m+1}$$
$$\Rightarrow j_+|j, m\rangle = \sqrt{(j-m)(j+m+1)}|j, m+1\rangle \tag{3-45a}$$

$$j_- \chi_j^m = \sqrt{(j+m)(j-m+1)} \chi_j^{m-1}$$
$$\Rightarrow j_-|j, m\rangle = \sqrt{(j+m)(j-m+1)}|j, m-1\rangle \tag{3-45b}$$

$$l_z \chi_j^m = m \chi_j^m \Rightarrow l_z|j, m\rangle = m|j, m\rangle \tag{3-45c}$$

と表す．

（2） 平均値と直交関係

$\psi_n(\boldsymbol{r})$ で表せる状態がもつ物理量の平均は(3-5)式で求められたが，ブラ・ケット表示では

$$\langle a \rangle = \frac{\iiint \phi^* \mathcal{A} \phi \, dxdydz}{\iiint \phi^* \phi \, dxdydz} \Rightarrow \langle a \rangle = \langle n | \mathcal{A} | n \rangle \tag{3-46}$$

で表す（通常 $\langle n | n \rangle = 1$ とする）．もう少し一般的に，演算子 $\mathcal{A}$ を波動関数 ψ_n^*, ψ_m ではさんだ積分を

$$\iiint \psi_n^* \mathcal{A} \psi_m \, dxdydz \Rightarrow \langle n | \mathcal{A} | m \rangle \tag{3-47}$$

と表す．ここで，$\langle n |$ を状態 n を表す**ブラ**（またはブラベクトル）とよぶ．また，ψ_n^*, ψ_m が演算子 $\mathcal{A}$ の固有状態であれば一般に ψ_n^*, ψ_m は直交関係にあるので

$$\langle n | \mathcal{A} | m \rangle = \begin{cases} a & \text{for } n = m \\ 0 & \text{for } n \neq m \end{cases} \tag{3-48}$$

という関係式が成り立つ．$\mathcal{A} \equiv 1$ とすれば，(3-48)式は

$$\langle n | m \rangle = \begin{cases} 1 & \text{for } n = m \\ 0 & \text{for } n \neq m \end{cases} \tag{3-49}$$

となり，$\langle n |$ と $| m \rangle$ は規格直交関係にある．

3.5.2 行列表示

こちらは，ハイゼンベルグにより提唱された量子力学の記述法で物理量を行列で表し，状態をベクトルで表す手法であり行列力学ともよばれる．はじめに具体例として電子のスピン角運動量の行列表示を考える．そのため，状態関数を

$$\chi_{1/2}^{1/2} = \alpha = \begin{pmatrix} 1 \\ 0 \end{pmatrix}, \qquad \chi_{1/2}^{-1/2} = \beta = \begin{pmatrix} 0 \\ 1 \end{pmatrix} \tag{3-50}$$

として定義されるベクトルと考え，各演算子を

$$s_x = \frac{1}{2}\begin{pmatrix} 0 & 1 \\ 1 & 0 \end{pmatrix}, \quad s_y = \frac{1}{2}\begin{pmatrix} 0 & -i \\ i & 0 \end{pmatrix}, \quad s_z = \frac{1}{2}\begin{pmatrix} 1 & 0 \\ 0 & -1 \end{pmatrix} \tag{3-51}$$

または，s_x, s_y を(3-31)式で定義される昇降演算子に変換し

$$s_+ = s_x + is_y = \begin{pmatrix} 0 & 1 \\ 0 & 0 \end{pmatrix}, \qquad s_- = s_x - is_y = \begin{pmatrix} 0 & 0 \\ 1 & 0 \end{pmatrix} \tag{3-52}$$

で与えられる行列と定義し，線形代数における行列とベクトルの関係式

$$\begin{pmatrix} A_{11} & A_{12} & \cdots & A_{1N} \\ A_{21} & A_{22} & \cdots & A_{2N} \\ \vdots & \vdots & \ddots & \vdots \\ A_{N1} & A_{N2} & \cdots & A_{NN} \end{pmatrix} \begin{pmatrix} a_1 \\ a_2 \\ \vdots \\ a_N \end{pmatrix} = \begin{pmatrix} \sum_{i=1}^{N} A_{1i} a_i \\ \sum_{i=1}^{N} A_{2i} a_i \\ \vdots \\ \sum_{i=1}^{N} A_{Ni} a_i \end{pmatrix} \tag{3-53}$$

を適用すると，

$$s_z \alpha = \frac{1}{2} \begin{pmatrix} 1 & 0 \\ 0 & -1 \end{pmatrix} \begin{pmatrix} 1 \\ 0 \end{pmatrix} = \frac{1}{2} \begin{pmatrix} 1 \\ 0 \end{pmatrix} = \frac{1}{2} \alpha,$$
$$s_z \beta = \frac{1}{2} \begin{pmatrix} 1 & 0 \\ 0 & -1 \end{pmatrix} \begin{pmatrix} 0 \\ 1 \end{pmatrix} = -\frac{1}{2} \begin{pmatrix} 0 \\ 1 \end{pmatrix} = -\frac{1}{2} \beta \tag{3-54a}$$

$$s_+ \alpha = \begin{pmatrix} 0 & 1 \\ 0 & 0 \end{pmatrix} \begin{pmatrix} 1 \\ 0 \end{pmatrix} = 0, \quad s_+ \beta = \begin{pmatrix} 0 & 1 \\ 0 & 0 \end{pmatrix} \begin{pmatrix} 0 \\ 1 \end{pmatrix} = \begin{pmatrix} 1 \\ 0 \end{pmatrix} = \alpha \tag{3-54b}$$

$$s_- \alpha = \begin{pmatrix} 0 & 0 \\ 1 & 0 \end{pmatrix} \begin{pmatrix} 1 \\ 0 \end{pmatrix} = \begin{pmatrix} 0 \\ 1 \end{pmatrix} = \beta, \quad s_- \beta = \begin{pmatrix} 0 & 0 \\ 1 & 0 \end{pmatrix} \begin{pmatrix} 0 \\ 1 \end{pmatrix} = 0 \tag{3-54c}$$

と，(3-42)式と全く同じ関係式が得られる．さらに(3-38)式で定義される一般的な角運動量に対しては，状態関数 χ_j^m，またはケットベクトル $|j, m\rangle$ の代わりにベクトル

$$\chi_j^j = |j, j\rangle = \begin{pmatrix} 1 \\ 0 \\ \vdots \\ \vdots \\ 0 \end{pmatrix}, \quad \chi_j^m = |j, j-1\rangle = \begin{pmatrix} 0 \\ 1 \\ \vdots \\ \vdots \\ 0 \end{pmatrix}, \cdots, \quad \chi_j^{-j} = |j, -j\rangle = \begin{pmatrix} 0 \\ \vdots \\ \vdots \\ \vdots \\ 1 \end{pmatrix} \tag{3-55}$$

を定義し，演算子を

$$j_z = \begin{pmatrix} j & 0 & \cdots & 0 \\ 0 & j-1 & \cdots & 0 \\ \vdots & \vdots & \ddots & 0 \\ 0 & 0 & 0 & -j \end{pmatrix} \tag{3-56a}$$

$$j_+ = \begin{pmatrix} 0 & \sqrt{1\cdot 2j} & 0 & 0 & \cdots & 0 \\ 0 & 0 & \sqrt{2\cdot(2j-1)} & 0 & \cdots & 0 \\ 0 & 0 & 0 & \sqrt{3\cdot(2j-2)} & \cdots & 0 \\ \vdots & \vdots & \vdots & \vdots & \ddots & 0 \\ 0 & 0 & 0 & 0 & \cdots & \sqrt{2j\cdot 1} \\ 0 & 0 & 0 & 0 & \cdots & 0 \end{pmatrix} \tag{3-56b}$$

$$j_- = \begin{pmatrix} 0 & 0 & 0 & \cdots & 0 & 0 \\ \sqrt{2j\cdot 1} & 0 & 0 & \cdots & 0 & 0 \\ 0 & \sqrt{(2j-1)\cdot 2} & 0 & \cdots & 0 & 0 \\ 0 & 0 & \sqrt{(2j-2)\cdot 3} & \cdots & 0 & 0 \\ \vdots & \vdots & \vdots & \ddots & \vdots & \vdots \\ 0 & 0 & 0 & \cdots & \sqrt{1\cdot 2j} & 0 \end{pmatrix} \tag{3-56c}$$

と定義すると,角運動量に対する演算式(3-38)式が成り立つ.また,行列表示での演算子の行列要素 A_{ij} はブラ・ケット表示を用いると

$$A_{ij} = \langle i|A|j\rangle \tag{3-57}$$

であたえられる.角運動量の場合,ブラ・ケット表示で与えられた各演算子に対する関係式(3-45)式と直交関係式(3-49)式を用いれば,容易に演算子行列が求められる.

3.6 磁場中でのシュレーディンガー方程式

(3-3)式で与えられるハミルトニアンのポテンシャル項 $V(x, y, z)$ は,静電ポテンシャルのみを考えている.いいかえれば,静電場中の荷電粒子の運動を記述するものであり,静磁場が存在する場合は別に考えなければならない.そのためにはラグランジュ-ハミルトン形式の力学に立ち返る必要がある.

以下,荷電粒子の質量を m,電荷を q,位置座標を $\boldsymbol{r} = x\hat{\mathbf{x}} + y\hat{\mathbf{y}} + z\hat{\mathbf{z}}$,速度を $\boldsymbol{v} = v_x\hat{\mathbf{x}} + v_y\hat{\mathbf{y}} + v_z\hat{\mathbf{z}}$,一般化運動量を $\boldsymbol{p} = p_x\hat{\mathbf{x}} + p_y\hat{\mathbf{y}} + p_z\hat{\mathbf{z}}$ とする.また,磁

3.6 磁場中でのシュレーディンガー方程式

場（磁束密度）を $\boldsymbol{B}$, それに対応するベクトルポテンシャルを $\boldsymbol{A}$ とする．ここで，磁場中では $\boldsymbol{p} \neq m\boldsymbol{v}$ であり $m\boldsymbol{v}$ は保存量でないことに注意する必要がある．この場合，運動エネルギーは $T = \frac{1}{2}mv^2$ で与えられるが，ポテンシャル項 U は $V(x, y, z)$ のみでなく磁場の項 $-q\boldsymbol{v}\boldsymbol{A}$ を付け加えなければならない．したがってラグランジアンは

$$L = T - U = \frac{m}{2}\boldsymbol{v}^2 - V(\boldsymbol{r}) + q\boldsymbol{v} \cdot \boldsymbol{A}$$

$$= \frac{m}{2}(v_x^2 + v_y^2 + v_z^2) - V(x, y, z) + q(v_x A_x + v_y A_y + v_z A_z) \quad (3\text{-}58)$$

で与えられる．ここで，磁場によるポテンシャルを $-q\boldsymbol{v}\boldsymbol{A}$ とする理由であるが，一般的に導出するのは難しいので，ここでは，$V(x, y, z) = 0$ の自由空間で z 方向にかかる磁場 B_z 中において速度 $\boldsymbol{v}$ で動いている荷電粒子が受けるローレンツ力が正しく導けることを示すにとどめておく．

磁場 B_z を与えるベクトルポテンシャルは電磁気学の公式 $\boldsymbol{B} = \nabla \times \boldsymbol{A}$ より，

$$\boldsymbol{A} = -\frac{1}{2}B_z y \hat{\boldsymbol{x}} + \frac{1}{2}B_z x \hat{\boldsymbol{y}} \quad (3\text{-}59)$$

としてよいので，これを(3-58)式に代入すると，

$$L = \frac{m}{2}(v_x^2 + v_y^2 + v_z^2) + \frac{qB_z}{2}(-v_x y + v_y x) \quad (3\text{-}60)$$

となり，オイラー–ラグランジュの運動方程式の x, y 方向成分は

$$\frac{d}{dt}\left(\frac{\partial L}{\partial v_x}\right) = \frac{\partial L}{\partial x}, \qquad \frac{d}{dt}\left(\frac{\partial L}{\partial v_y}\right) = \frac{\partial L}{\partial y} \quad (3\text{-}61)$$

で与えられるので，x, y も時間の関数であることに注意して計算すると，

$$m\frac{dv_x}{dt} = qB_z v_y, \qquad m\frac{dv_y}{dt} = -qB_z v_x \quad (3\text{-}62)$$

が導ける．これは，ローレンツ力を受け運動するニュートンの運動方程式に他ならず，磁場によるポテンシャル項が正しく導入されていることを示している．

再び(3-58)式に戻り，一般化された運動量 $\boldsymbol{p}$ を求めると，

$$p_\nu = \frac{\partial L}{\partial v_\nu} \qquad (\nu : x, y, z) \tag{3-63}$$

より,

$$\boldsymbol{p} = m\boldsymbol{v} + q\boldsymbol{A} \tag{3-64}$$

が得られる. すなわち, 磁場中においては $m\boldsymbol{v} + q\boldsymbol{A}$ が保存量となる. また, 古典力学でのハミルトニアンは

$$H = \boldsymbol{p} \cdot \boldsymbol{v} - L = \frac{m}{2}\boldsymbol{v}^2 + V(\boldsymbol{r}) = \frac{1}{2m}(\boldsymbol{p} - q\boldsymbol{A})^2 + V(\boldsymbol{r}) \tag{3-65}$$

となり, 量子力学では, 運動量 $\boldsymbol{p}$ を(3-1)式で定義される運動量演算子 $p = -i\hbar\nabla$ で置き換えればよく, また, 粒子を電子とすれば $q = -e$ なので, 磁場中における量子力学でのハミルトニアン

$$\mathcal{H} = \frac{1}{2m_\mathrm{e}}\left\{\left(\frac{\hbar}{i}\frac{\partial}{\partial x} + eA_x\right)^2 + \left(\frac{\hbar}{i}\frac{\partial}{\partial y} + eA_y\right)^2 + \left(\frac{\hbar}{i}\frac{\partial}{\partial z} + eA_z\right)^2\right\} + V(x, y, z) \tag{3-66}$$

を得る.

●原子の軌道磁気モーメントと内殻電子の反磁性

磁場中のハミルトニアンの適用例として, 軌道角運動量が作る磁気モーメントと内殻電子の反磁性を取り上げる. 簡単のため, 磁場は z 方向に向いているとすると, (3-59)式により, $A_x = -1/2 B_z y$, $A_y = 1/2 B_z x$, $A_z = 0$ としてよい. これを(3-66)式に代入し整理すると,

$$\mathcal{H} = -\frac{\hbar^2}{2m_\mathrm{e}}\nabla^2 + V(r) + \frac{eB_z}{2m_\mathrm{e}}\frac{\hbar}{i}\left(x\frac{\partial}{\partial y} - y\frac{\partial}{\partial x}\right) + \frac{e^2 B_z^2}{8m_\mathrm{e}}(x^2 + y^2) \tag{3-67}$$

と書ける. ここで, 第1, 第2項は, 磁場がないときのハミルトニアンなので状態の固有エネルギーを与える.

第3項は, (3-28c)式で定義された軌道角運動量の z 方向成分の演算子 $\hbar l_z$ を用いれば

$$\mathcal{H}_\mathrm{m} = \frac{eB_z}{2m_\mathrm{e}}\frac{\hbar}{i}\left(x\frac{\partial}{\partial y} - y\frac{\partial}{\partial x}\right) = \frac{eB_z}{2m_\mathrm{e}}\hbar l_z \tag{3-68}$$

となる. したがって, 軌道角運動量 l, m をもつ原子の波動関数 ψ_{lm} を $\mathcal{H}_\mathrm{m}$ に働かせると

3.6 磁場中でのシュレーディンガー方程式

$$\mathcal{H}_\mathrm{m}\psi_{lm} = \frac{e\hbar}{2m_\mathrm{e}} m B_z \psi_{lm} \tag{3-69}$$

と，固有エネルギー $(e\hbar/2m_\mathrm{e})mB_z$ を与える．一方，電磁気学によれば，大きさ μ，磁場方向(z 方向)成分 μ_z の磁気モーメントが磁束密度 B_z の磁場中におかれた場合の磁気ポテンシャルエネルギーは，$E_\mathrm{m} = -\mu_z B$ で与えられるので，この原子のもつ磁気モーメントは

$$\mu_z = -m\frac{e\hbar}{2m_\mathrm{e}} \tag{3-70}$$

となる．具体的に，水素原子の $l=m=1$ 状態の磁気モーメントの z 成分は $-e\hbar/2m_\mathrm{e}$ となる．またその大きさは

$$\mu_\mathrm{B} = \frac{e\hbar}{2m_\mathrm{e}} \quad [\mathrm{J/T}] \tag{3-71}$$

となり，これを**ボーア磁子**とよぶ．その理由は，ボーアの古典量子力学で求めた水素原子の基底状態 ($n=1$) での軌道角運動量が与える磁気モーメントがこの値になるからである(証明は**演習問題 3-4**)．ただし，正しい量子力学によれば水素原子の基底状態は $n=1, l=m=0$ であり，軌道角運動量をもたない．それにもかかわらず，基底状態にある水素原子は $1\mu_\mathrm{B}$ の磁気モーメントをもっている．これは電子のスピン角運動量から生じるものであるが，その値が $1\mu_\mathrm{B}$ となることの証明には相対論を取り入れたディラックの量子電磁力学を必要とし，容易でない．最後に，(3-67)式の右辺第 4 項

$$\mathcal{H}_\mathrm{d} = \frac{e^2 B_z^2}{8m_\mathrm{e}}(x^2+y^2) \tag{3-72}$$

の寄与を調べよう．そのため，任意の規格化された波動関数 $\psi(\boldsymbol{r})$ に対する $\mathcal{H}_\mathrm{d}$ の平均値を求めると，(3-5)式により，

$$E_\mathrm{d} = \langle \mathcal{H}_\mathrm{d} \rangle = \frac{e^2 B_z^2}{8m_\mathrm{e}} \iiint \psi^*(\boldsymbol{r})(x^2+y^2)\psi(\boldsymbol{r})\,d\boldsymbol{r} \tag{3-73}$$

となる．$\psi^*(\boldsymbol{r})\psi(\boldsymbol{r})$ は電子密度であり，内殻電子の場合，球対称性があるので r のみの関数 $\rho(r)$ とし，その電子雲の平均 2 乗半径を $\langle r^2 \rangle$ すると，$\langle x^2+y^2 \rangle = 2/3 \langle r^2 \rangle$ としてよいので，(3-73)式は

$$E_\mathrm{d} = \frac{e^2 B_z^2}{8m_\mathrm{e}} \iiint (x^2+y^2)\rho(\boldsymbol{r})\,d\boldsymbol{r} = \frac{e^2 B_z^2}{12m_\mathrm{e}} \langle r^2 \rangle \tag{3-74}$$

と書ける．一方，電磁気学によれば，$\chi = M/H$ で定義される磁化率 χ の物質に磁場 $H = B/\mu_0$ をかけたときの内部エネルギーの変化 E_d は $-1/2\chi H^2$ で与えられるので(参考書(6)，p.64)，(3-74)式と比較するとこの電子の磁化率は

$$\chi_d = -\frac{e^2\mu_0^2}{6m_e}\langle r^2\rangle \tag{3-75}$$

で与えられる．マイナス符号は，誘起される磁気モーメントが磁場と反対の方向に生じることを意味し，χ_d を**反磁性**(diamagnetic)磁化率とよぶ．特に，He や Ar などの不活性原子や，一般の原子の内殻電子は軌道角運動量やスピン角運動量による磁気モーメントをもたないので，磁場をかけたとき誘起される磁気モーメントはこの反磁性磁化のみとなる．Z 個の内殻電子をもつ原子からなる物質の1モル当たりの比反磁性磁化率は N_A をアボガドロ数として

$$\bar{\chi}_d = N_A\frac{\chi_d}{\mu_0} = -N_A\frac{Ze^2\mu_0}{6m_e}\langle r^2\rangle \tag{3-76}$$

で与えられる．なお，この値は内殻電子を電子密度 $\rho(r)$ で分布する球状完全導体(電気抵抗率0)と見なし，磁場をかけることにより誘起される環状誘導電流が作る磁気モーメントとして古典電磁気学で計算しても同じ結果が得られる(参考書(6)，p.199)．

演習問題 3-1

1次元箱の中の電子について，①運動量の平均値，および②位置の平均値を求めよ．なお，位置の演算子は x である．

演習問題 3-2

角運動量の関係式(3-38)式を用い，全角運動量の固有方程式(3-41)式を導け．

演習問題 3-3

$j=3/2$ の場合について角運動量演算子 j_z, j_+, j_- の行列表示を求めよ．

演習問題 3-4

ボーアの古典量子力学が与える水素原子の基底状態の磁気モーメントの値が $1\mu_B$ となることを示せ．

第 4 章

近 似 解
—摂動法と変分法—

　量子力学の出発点は与えられたポテンシャル $V(r)$ についてシュレーディンガー方程式を解き，固有値（エネルギー）と波動関数を求めること，言い換えれば，問題とする系のハミルトニアンを設定し，境界条件を与え，その固有値と固有関数を求めることであった．しかし，シュレーディンガー方程式が解析的に解けるのは，第 2 章で取り上げた，$V(r)=0$（自由電子），$V=kx^2$（調和振動子），$V(r)=-Ze^2/r$（水素様原子）という，きわめて限られた場合のみであり，一般には数値的に解くか，何らかの近似法によらなければならない．ここでは，代表的な近似法である，摂動法と変分法について説明する．

4.1 固有関数の完全直交性—数学的準備—

　はじめに，これらの近似法を説明するに当たって重要な数学的基礎として，特異点をもたない任意の複素関数が同じ境界条件の下で完全規格直交系をなす関数の組により級数展開できること示しておく．はじめに，簡単のため $a \leq x \leq b$ 内で定義される 1 次元系を考える．今，$f_0(x), f_1(x), f_2(x), \cdots$ が規格直交関数の組とする．すなわち，f_i^* を f_i の複素共役関数とすると，

$$\int_a^b f_i^*(x) f_j \, dx = \delta_{ij} = \begin{cases} 1 & \text{for } i=j \\ 0 & \text{for } i \neq j \end{cases} \tag{4-1}$$

が成り立つとする．もし，$a \leq x \leq b$ 内で定義される任意の連続関数 $F(x)$ が，

$$F(x) = \sum_n a_n f_n(x) \tag{4-2}$$

と展開できる場合，f_i の組を完全規格直交系とよび，係数 a_n は

$$a_n = \int_a^b f_n F(x)\, dx \tag{4-3}$$

で与えられる．具体的な例として，$-l \leq x \leq l$ で定義された（この範囲外では周期 $2l$ の周期関数とする）任意の関数 $F(x)$ は

$$F(x) = \sum_{n=1}^{\infty} a_n \sin\left(\frac{n\pi}{l}x\right) + \frac{1}{2}b_0 + \sum_{n=1}^{\infty} b_n \cos\left(\frac{n\pi}{l}x\right) \tag{4-4}$$

で与えられ，フーリエ級数としてよく知られている．これを複素関数に拡張すると，

$$F(x) = \sum_{n=-\infty}^{\infty} c_n \exp(in\pi x/l) \tag{4-5}$$

$$c_n = \frac{1}{2l}\int_{-l}^{l} F(\xi)\exp(in\pi\xi/l)\, d\xi \tag{4-6}$$

で与えられる．このとき，l を十分大きく（無限大まで）とっておけば周期関数でなくても任意の1次元関数に適用可能である．ここで，$l = L/2$ と置くと，関数 $c_n \exp(2\pi inx/L)$ は 3.2.2 項で求めた周期的境界条件での自由電子の波動関数 $A_n \exp(ik_n x)$ に他ならない．この関係式は3次元にも容易に拡張可能で，任意の3次元複素関数 $F(x,y,z)$ は3次元進行波型波動関数によって，

$$F(x,y,z) = F(\boldsymbol{r}) = \sum_{\boldsymbol{k}} c_{\boldsymbol{k}} \exp(i\boldsymbol{kr}) \tag{4-7}$$

と展開可能である．いうまでもなく，これはフーリエ変換の原理と同じである．

実は，証明は略すが，「**シュレーディンガー波動方程式の固有解の集合は完全規格直交系をなす**」ことが知られている．したがって，「**同じ境界条件を満たす任意の関数**(特異点などを含まない自然関数)**はシュレーディンガー方程式の固有解で展開できる**」という重要な定理を得る．

この定理に従って，極座標系で表された，$r \to \infty$ で 0 となる任意の関数は，水素原子の波動関数の組を用いて，

$$F(r,\theta,\phi) = \sum_{n=1}^{\infty}\sum_{l=0}^{n-1}\sum_{m=-l}^{l} c_{nlm} R_{nl}(r) Y_l^m(\theta,\phi) \tag{4-8}$$

と展開可能である．以下，シュレーディンガー方程式の近似解を求めようとするとき常にこの定理を念頭に置いておく必要がある．

4.2 摂動法

摂動法は，古典力学では惑星の運動に対する他の惑星からの引力による完全楕円軌道からのずれを計算する方法で，正確に解ける系の運動に対し，微小な力（ポテンシャルエネルギー）が働いたときの影響を見積もる方法である．量子力学においては，容易に解ける系の解を求めておき，これに微小なポテンシャル（摂動ポテンシャル）が働いたとき，元の解からどれほど変化するかを見積もる方法である．

4.2.1 縮退がない状態に対する摂動法

今，正確に解けるハミルトニアンを $\mathcal{H}_0$ とし，その解を ψ_n^0，固有エネルギーを E_n^0 とする．すなわち ψ_n^0, E_n^0 は，

$$\mathcal{H}_0 \psi_n^0 = E_n^0 \psi_n^0 \tag{4-9}$$

を満たすものとする．上に述べた定理より，ψ_n^0 は完全規格直交系をなし，同じ境界条件を満たす任意の関数 $\phi(r)$ は ψ_n^0 の1次結合で表せる．すなわち，

$$\phi(r) = \sum_n a_n \psi_n^0(r), \quad \int \psi_m^{0*} \psi_n^0 \, dr = \delta_{mn} \tag{4-10}$$

積分範囲は境界条件を与える全範囲であり，たとえば(4-5)式のような周期関数の場合は $-l \le x \le l$ であるが，無限遠で0となる境界条件を満たす関数の場合は全空間が積分範囲となる．

外乱によるポテンシャルを $\lambda V'$（λ は微小なパラメータ）とすると，全ハミルトニアンは $\mathcal{H} = \mathcal{H}_0 + \mathcal{H}'$ と書ける．ここで，$\mathcal{H}' = \lambda V'$ を摂動ハミルトニアンとよぶ．たとえば，水素原子に弱い電場ポテンシャル $e\mathbb{E}z$ が働いた場合，

$$\mathcal{H}_0 = -\frac{\hbar^2}{2m}\nabla^2 - \frac{e^2}{4\pi\varepsilon_0 r}, \quad \mathcal{H}' = e\mathbb{E}z \tag{4-11}$$

と書け，電場 $\mathbb{E}$ を微小なパラメータと見なせばよい．

今，n 番目の準位には縮退がなく，そのエネルギー準位を E_n^0，波動関数を ψ_n^0 とする．摂動が働くと n 番目のエネルギー準位，波動関数は E_n^0, ψ_n^0 からわずかにずれ，そのずれ分を微小パラメータ λ のべき級数で展開できるとする．すなわち，

$$E_n = E_n^0 + \lambda E_n' + \lambda^2 E_n'' + \cdots \tag{4-12}$$

$$\psi_n = \psi_n^0 + \lambda \psi_n' + \lambda^2 \psi_n'' + \cdots \tag{4-13}$$

E_n, ψ_n を波動方程式

$$\mathcal{H}\psi_n = (\mathcal{H}_0 + \lambda V')\psi_n = E_n \psi_n \tag{4-14}$$

に代入し，λ のべき数の項で整理すると

$$\begin{aligned}
&\mathcal{H}_0 \psi_n^0 + \lambda \{V' \psi_n^0 + \mathcal{H}_0 \psi_n'\} + \lambda^2 \{V' \psi_n' + \mathcal{H}_0 \psi_n''\} + \cdots \\
&= E_n^0 \psi_n^0 + \lambda \{E_n' \psi_n^0 + E_n^0 \psi_n'\} + \lambda^2 \{E_n'' \psi_n^0 + E_n' \psi_n' + E_n^0 \psi_n''\} + \cdots
\end{aligned} \tag{4-15}$$

を得る．この式が恒等的に成り立つには，同じ次数の λ をもつ項は左右両辺で等しくならなければならない．0 次の項は (4-9) 式と同じなので自動的に満足するが，1 次，2 次の項を書き下すと，1 次の項は

$$V' \psi_n^0 + \mathcal{H}_0 \psi_n' = E_n' \psi_n^0 + E_n^0 \psi_n' \tag{4-16a}$$

2 次の項は

$$V' \psi_n' + \mathcal{H}_0 \psi_n'' = E_n'' \psi_n^0 + E_n' \psi_n' + E_n^0 \psi_n'' \tag{4-16b}$$

と書ける．ここで，求めたいのは E_n', E_n'' および ψ_n', ψ_n'' であるが，ψ_n', ψ_n'' は，ψ_n^0 の完全規格直交性より

$$\psi_n' = \sum_i \alpha_i \psi_i^0 \tag{4-17a}$$

$$\psi_n'' = \sum_i \beta_i \psi_i^0 \tag{4-17b}$$

と ψ_n^0 の 1 次結合式で表せる．(4-17a) 式を (4-16a) 式に代入すると，

$$V' \psi_n^0 + \mathcal{H}_0 \sum_i \alpha_i \psi_i^0 = E_n' \psi_n^0 + E_n^0 \sum_i \alpha_i \psi_i^0 \tag{4-18}$$

ここで，$\mathcal{H}_0 \psi_i^0 = E_n^0 \psi_i^0$ なので，(4-18) 式の右辺第 2 項を左辺に移項して書き直すと

4.2 摂動法

$$V'\phi_n^0 + \sum_i \alpha_i(E_i^0 - E_n^0)\phi_i^0 = E_n'\phi_n^0 \qquad (4\text{-}19)$$

を得る．この式の各項に左から ϕ_n^{0*} をかけて積分すると規格直交関係式(4-1)式よりほとんどの項は 0 となり，

$$\int \phi_n^{0*} V'\phi_n^0 \, dr = E_n' \qquad (4\text{-}20)$$

のみが残る．したがって，1 次摂動エネルギー

$$\Delta E_n^{(1)} = \lambda E_n' = \lambda \int \phi_n^{0*} V'\phi_n^0 \, dr \qquad (4\text{-}21)$$

を得る．摂動ハミルトニアン $\mathcal{H}' = \lambda V'$ で表せば，

$$\Delta E_n^{(1)} = \int \phi_n^{0*} \mathcal{H}'\phi_n^0 \, dr \qquad (4\text{-}22)$$

と書け，物理的には，1 次摂動エネルギーは無摂動状態について摂動ハミルトニアンの平均値をとったものである．これをブラ・ケット表示で表せば，

$$\mathcal{H}'_{mn} = \int \phi_m^{0*} \mathcal{H}'\phi_n^0 \, dr = \langle m|\mathcal{H}'|n\rangle \qquad (4\text{-}23)$$

なので，

$$\Delta E_n^{(1)} = \mathcal{H}'_{nn} = \langle n|\mathcal{H}'|n\rangle \qquad (4\text{-}24)$$

と書ける．(4-24)式は状態が波動関数で表せないような場合(スピン状態など)にも適用でき，より一般的な表現といえる．

次に波動関数に対する摂動の効果を調べるため(4-18)式の両辺に左から ϕ_i^{0*} ($i \neq n$) をかけ積分すると，ϕ_i^0 の規格直交性より，

$$\int \phi_i^{0*} V'\phi_n^0 \, dr + \alpha_i E_i^0 = \alpha_i E_n^0 \qquad (4\text{-}25)$$

を得，したがって，

$$\alpha_i = -\frac{\int \phi_i^{0*} V'\phi_n^0 \, dr}{E_i^0 - E_n^0} \qquad (4\text{-}26)$$

が得られる．これを(4-17a)式に代入すると，

$$\psi'_n = \sum_{i \neq n} \alpha_i \psi_i^0 = -\sum_{i \neq n} \frac{\int \phi_i^{0*} V' \psi_n^0 \, dr}{E_i^0 - E_n^0} \psi_i^0 \tag{4-27}$$

したがって，摂動を受けた状態 n の波動関数は，(4-13)式に戻り，λ の 1 次の範囲で，

$$\psi_n = \psi_n^0 + \lambda \psi'_n = \psi_n^0 - \lambda \sum_{i \neq n} \frac{\int \phi_i^{0*} V' \psi_n^0 \, dr}{E_i^0 - E_n^0} \psi_i^0 \tag{4-28}$$

となる．(4-23)式で定義した $\mathcal{H}'_{mn}$ やブラ・ケット表示で表せば，

$$\psi_n(r) = \psi_n^0 - \sum_{i \neq n} \frac{\mathcal{H}'_{in}}{E_i^0 - E_n^0} \psi_i^0 = \psi_n^0 - \sum_{i \neq n} \frac{\langle i|\mathcal{H}'|n\rangle_{in}}{E_i^0 - E_n^0} \psi_i^0 \tag{4-29}$$

を得る．

さらに高次の補正を求めるために，2 次の補正を与える(4-16b)式に(4-17a)式，(4-17b)式を代入すると，

$$V' \sum_{i \neq n} \alpha_i \psi_i^0 + \mathcal{H}_0 \sum \beta_i \psi_i^0 = E_2'' \psi_n^0 + \int \phi_n^{0*} V' \psi_n^0 \, dr \cdot \sum_{i \neq n} \alpha_i \psi_i^0 + E_n^0 \sum \beta_i \psi_i^0 \tag{4-30}$$

を得，両辺に左から ϕ_n^{0*} をかけて積分すると，

$$\sum_{i \neq n} \alpha_i \int \phi_n^{0*} V' \psi_i^0 \, dr + \beta_n E_n^0 = E_n'' + \beta_n E_n^0 \tag{4-31}$$

したがって，

$$E_n'' = \sum_{i \neq n} \alpha_i \int \phi_n^{0*} V' \psi_i^0 \, dr = -\sum_{i \neq n} \frac{\int \phi_i^{0*} V' \psi_n^0 \, dr \cdot \int \phi_n^{0*} V' \psi_i^0 \, dr}{E_i^0 - E_n^0} \tag{4-32}$$

を得る．2 次摂動エネルギーは (4-12) 式より $\Delta E_n^{(2)} = \lambda^2 E_n''$ であり，$\mathcal{H}'_{mn}$，$\langle m|\mathcal{H}'|n\rangle$ を用いて表すと，

$$\Delta E_n^{(2)} = -\sum_{i \neq n} \frac{\mathcal{H}'_{ni} \mathcal{H}'_{in}}{E_i^0 - E_n^0} = -\sum_{i \neq n} \frac{\langle n|\mathcal{H}'|i\rangle \langle i|\mathcal{H}'|n\rangle}{E_i^0 - E_n^0} \tag{4-33}$$

を得る．この導出の過程からわかるように，**2 次摂動エネルギーは変形した波動関数に対する $\mathcal{H}'$ の平均値と見なせる**．

● 例1　電場中の荷電調和振動子

摂動のない調和振動子の波動関数と固有エネルギーは，(2-53)式，(2-54)式で与えられ，式を単純化するため，パラメータ $\alpha = \sqrt{m\omega/\hbar}$，規格化定数 $A_n = (\alpha/\sqrt{\pi}2^n n!)^{1/2}$ を導入すると，

$$\psi_n(x) = A_n e^{-\alpha^2 x^2/2} H_n(\alpha x) \tag{4-34a}$$

$$E_n = \left(n + \frac{1}{2}\right)\hbar\omega \tag{4-34b}$$

と表せる．今，質量 m の振動子の質点が電荷 q を帯びているとする．そこへ振動方向（x 方向とする）に電場 $\mathbb{E}$ をかけると，$q\mathbb{E}$ の力を受け，$\mathbb{E}$ を微小パラメータ λ と見なすと，摂動ポテンシャル $V = -q\mathbb{E}x$，したがって摂動ハミルトニアン $\mathcal{H}' = -q\mathbb{E}x$ が加わる．(2-39)式で定義される変数 $\xi = \sqrt{m\omega/\hbar}\,x = \alpha x$ を導入すると，この系の n 番目の準位に対する1次摂動エネルギーは(4-21)式より，

$$\Delta E_n^{(1)} = \mathcal{H}'_{nn} = A_n^2 \frac{q\mathbb{E}}{\alpha} \int_{-\infty}^{\infty} e^{-\xi^2} H_n(\xi)\,\xi H_n(\xi)\,d\xi \tag{4-35}$$

で与えられる．この積分を実行するのに，(2-50)式で与えた漸化式を適用すると，被積分関数内の $\xi H_n(x)$ は $2\xi H_n(\xi) = 2nH_{n-1}(\xi) + H_{n+1}(\xi)$ に変換され，エルミート関数の直交関係式(2-49)により，1次摂動エネルギー $\Delta E_n^{(1)}$ は 0 となる．

2次摂動エネルギーを求めるため $\mathcal{H}'_{in}$ を計算すると，エルミート関数の漸化式より $\psi_i(x)$ は

$$\alpha x \psi_i(x) = i\frac{A_i}{A_{i-1}}\psi_{i-1}(x) + \frac{1}{2}\frac{A_i}{A_{i+1}}\psi_{i+1}(x) \tag{4-36}$$

と変換でき，$\mathcal{H}'_{in}$ は，$i = n-1$ および $i = n+1$ のときのみ値をもつ．ただし，$n = 0$ の場合は，右辺第1項は 0 になる．したがって，基底状態 $n = 0$ に対しては，$\mathcal{H}'_{10} = q\mathbb{E}/\sqrt{2}\alpha$，$n \geq 1$ に対しては，$\mathcal{H}'_{n-1,n} = (q\mathbb{E}/\alpha)\sqrt{n/2}$，$\mathcal{H}'_{n+1,n} = (q\mathbb{E}/\alpha)\sqrt{(n+1)/2}$ が得られ，(4-33)式に代入すると，2次摂動エネルギーは，$n = 0$ に対しては

$$\Delta E^{(2)} = -\frac{|\mathcal{H}'_{10}|^2}{E_1^0 - E_0^0} = -\frac{1}{2}\frac{1}{\hbar\omega}\left(\frac{q\mathbb{E}}{\alpha}\right)^2$$

$$= -\frac{1}{2}\frac{q^2}{m\omega^2}\mathbb{E}^2 \tag{4-37a}$$

$n \geq 1$ に対しては

$$\Delta E^{(2)} = -\frac{|\mathcal{H}'_{n-1,n}|^2}{E^0_{n-1}-E^0_n} - \frac{|\mathcal{H}'_{n+1,n}|^2}{E^0_{n+1}-E^0_n}$$

$$= -\frac{1}{\hbar\omega}\left(\frac{qE}{\alpha}\right)^2\left(\frac{n+1}{2}-\frac{n}{2}\right) = -\frac{1}{2}\frac{q^2}{m\omega^2}E^2 \quad (4\text{-}37\text{b})$$

と同じ解が得られる.

● 例2 水素原子の分極—シュタルク(Stark)効果—

縮退のない状態に対する摂動理論の応用のもう1つの例として,水素原子に電場をかけたときに生じる分極の大きさを見積もる.

基底状態 $|1s\rangle \equiv |n=1, l=0, m=0\rangle$ にある水素原子に z 方向に電場 E をかけると,電子に働く力は $-eE$,したがって電場ポテンシャルは eEz となる.極座標では $z=r\cos\theta$ なので,摂動のハミルトニアンは $\mathcal{H}'=eEz=eEr\cos\theta$ と書ける.1s波動関数は

$$\psi_{1s} = \sqrt{\frac{1}{\pi a_0^3}}\, e^{-r/a_0} \quad (4\text{-}38)$$

したがって1次摂動エネルギーは

$$\mathcal{H}'_{1s,1s} = \langle 1s|eEr\cos\theta|1s\rangle$$

$$= \frac{eE}{\pi a_0^3}\int_0^\infty e^{-2r/a_0}r^3 dr \int_0^\pi \cos\theta\sin\theta\, d\theta \int_0^{2\pi}d\phi \quad (4\text{-}39)$$

となるが,θ についての積分は0となるので,1次摂動エネルギーは0となる.

次に,2次摂動エネルギーおよび波動関数の変形を計算するために

$$\mathcal{H}'_{1s,nml} = \langle 1s|\mathcal{H}'|nlm\rangle = Ee\langle 1s|r\cos\theta|nlm\rangle$$

$$= \sqrt{\frac{1}{\pi a_0^3}}\, eE \int_0^\infty R_{nl}(r)e^{-r/a_0}r^3 dr$$

$$\times \int_0^\pi Y_l^{m*}(\theta,\phi)\cos\theta\sin\theta\, d\theta \int_0^{2\pi} d\phi \quad (4\text{-}40)$$

を求める.$\cos\theta$ を球面調和関数で表すと,2.4節,(2-82)式より,$\cos\theta = \sqrt{\frac{4\pi}{3}}Y_1^0(\theta,\phi)$ と書け,球面調和関数の直交性

$$\int_0^\pi \int_0^{2\pi} Y_l^{m*}Y_{l'}^{m'}\sin\theta\, d\theta\, d\phi = \delta_{ll'}\delta_{mm'} \quad (4\text{-}41)$$

4.2 摂動法

より，(4-40)式は，$l=1$, $m=0$ 以外の項はすべて 0 になる．すなわち，値をもつ項は $\psi_{n10} \equiv |n10\rangle$，すなわち p_z 波動関数のみであり，(4-40)式は，

$$\langle 1s|\mathcal{H}'|n10\rangle = \sqrt{\frac{4}{3a_0^3}}\, e\mathbb{E} \int_0^\infty R_{n1}(r) e^{-r/a_0} r^3 dr \tag{4-42}$$

を計算すればよい．これを，(4-33)式に代入すると，2 次摂動エネルギーは

$$\Delta E_n^{(2)} = -\sum_{n=2}^{\infty} \frac{\langle 100|\mathcal{H}'|n10\rangle^2}{E_{n10}^0 - E_{100}^0} \tag{4-43}$$

で与えられる．計算は少々面倒だが結果は 2 次摂動エネルギーとして，

$$\Delta E_{1s}^{(2)} = -\frac{9}{4}(4\pi\varepsilon_0) a_0^3 \mathbb{E}^2 \tag{4-44}$$

を得る(参考書(3), p.202)．

一方，巨視的には分極率 α の物質に電場 $\mathbb{E}$ をかけたときのエネルギー変化は

$$\Delta E = -\frac{1}{2}\alpha \mathbb{E}^2 \tag{4-45}$$

と書けるので，水素原子の分極率は

$$\alpha = \frac{9}{2}(4\pi\varepsilon_0) a_0^3 \tag{4-46}$$

で与えられる．

波動関数の変形も (4-42)式を(4-29)式に代入することにより得られるが，定性的には図 4-1 に示すように，1s 波動関数に $-p_z$ 関数を足し合わせることにより偏極した状態が得られるとして説明できる．

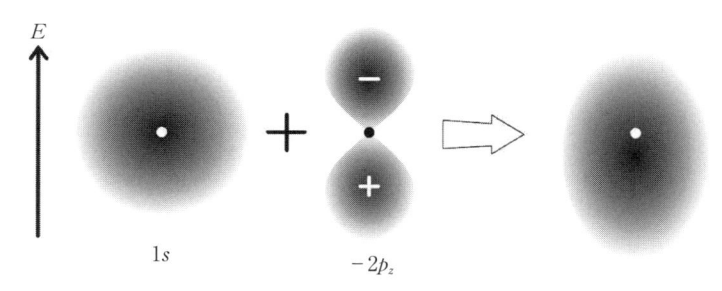

図 4-1 水素原子に電場をかけたときの波動関数の変形．

● 例3 自由電子系におよぼす周期ポテンシャルの影響—エネルギーギャップの発生—

前章(3-14)式で，周期的境界条件で求めた1次元自由電子の波動関数とエネルギーは $\psi_k(x)=(1/\sqrt{L})e^{ikx}$, $\varepsilon_k=(\hbar^2/2m_e)k^2$ で与えられることを示した．しかし，金属中を動きまわる電子は結晶を作る原子（正イオン）から原子間距離に相当する周期をもつ周期ポテンシャルを感じて運動している．ここでは，簡単のため，

$$\mathcal{H}' = U\cos\left(\frac{2\pi}{a}x\right) = \frac{U}{2}\left\{\exp\left(i\frac{2\pi}{a}x\right)+\exp\left(-i\frac{2\pi}{a}x\right)\right\} \qquad (4\text{-}47)$$

で表せる周期ポテンシャル（$a \ll L$ とする）が摂動として加わったとき，波数 k の電子のエネルギー変化を調べる．

1次摂動エネルギーは(4-24)式，(4-23)式より

$$\begin{aligned}\Delta E_k^{(1)} &= \mathcal{H}'_{kk} = \langle k|\mathcal{H}'|k\rangle \\ &= \frac{U}{2L}\left[\int_{-L/2}^{L/2}\exp\left\{i\left(-kx+\frac{2\pi}{a}x+kx\right)\right\}dx \right.\\ &\quad \left.+\int_{-L/2}^{L/2}\exp\left\{i\left(-kx-\frac{2\pi}{a}x+kx\right)\right\}dx\right] \\ &= i\frac{U}{L}\int_{-L/2}^{L/2}\sin\left(\frac{2\pi}{a}x\right)dx = iU\frac{a}{2\pi L}\left|\cos\left(\frac{2\pi}{a}x\right)\right|_{-L/2}^{L/2} \qquad (4\text{-}48)\end{aligned}$$

となるが，$\left|\cos\left(\frac{2\pi}{a}x\right)\right| \le 1$，かつ $L \gg a$ なので，$\Delta E_k^{(1)} = 0$ となる．

2次摂動エネルギーは

$$\begin{aligned}\mathcal{H}'_{k'k} &= \langle k'|\mathcal{H}'|k\rangle \\ &= \frac{U}{2L}\left[\int_{-L/2}^{L/2}\exp\left\{i\left(-k'+\frac{2\pi}{a}+k\right)x\right\}dx \right.\\ &\quad \left.+\int_{-L/2}^{L/2}\exp\left\{i\left(-k'-\frac{2\pi}{a}+k\right)x\right\}dx\right] \end{aligned} \qquad (4\text{-}49)$$

となり，L が十分大きいとすると，関係式 $\lim_{L\to\infty}L^{-1}\int_{-L/2}^{L/2}\exp[i(k'-k)x]dx = \delta(k'-k)$（付録C）より，$k' = k \pm \frac{2\pi}{a}$ のときのみ値 $U/2$ をもつ．したがって，(4-33)式より，2次摂動エネルギー

4.2 摂動法

$$\Delta E_k^{(2)} = -\frac{U^2/4}{\varepsilon_{k+2\pi/a}^0 - \varepsilon_k^0} - \frac{U^2/4}{\varepsilon_{k-2\pi/a}^0 - \varepsilon_k^0} \tag{4-50}$$

を得る．$k \lesssim \pi/a$，$k' = k - 2\pi/a$ の場合，**図 4-2** からもわかるように，$\varepsilon_{k-2\pi/a}^0 \gtrsim \varepsilon_k^0$ であり，右辺第 2 項は大きな負の値になり，図中に下向き矢印で示すように 2 次摂動によりエネルギーは低下する．一方，$k \gtrsim \pi/a$ の場合エネルギーは増加する．また，$k = -\pi/a$ の近傍では，右辺第 1 項の寄与により，$k > -\pi/a$ ではエネルギーは減少し，$k < -\pi/a$ では増加する．すなわち，$k = \pm\pi/a$ においてエネルギーギャップが生じる．これは，固体中の電子のふるまいを記述するバンド理論の基礎となる重要な現象である．ただし，$k = \pm\pi/a$ のときはどちらかの分母が 0 となり，解が発散するので(4-50)式は使えない．この場合，k, k' は縮退しており，次項で説明する縮退した状態に対する摂動計算が必要である．結果としてエネルギーギャップの大きさは $\Delta E = U$ となるが，解法は演習問題にゆだねる．

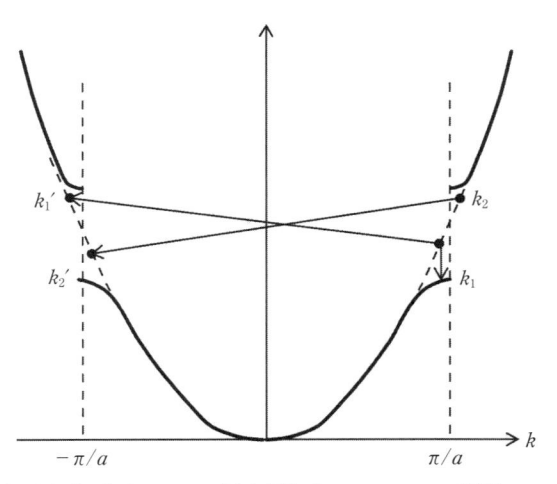

図 4-2 1 次元自由電子におよぼす周期ポテンシャルの影響．$k \approx \pm\pi/a$ 付近で 2 次摂動効果によりエネルギーが大きく変わる．

4.2.2 縮退がある状態に対する摂動法

　無摂動系の準位が縮退している場合，$E_i^0 - E_n^0 = 0$ となる項を含むので，前項で求めた摂動による波動関数((4-29)式)や2次摂動エネルギー((4-33)式)は発散し，この方法は使えない．したがって，縮退がある状態に対する摂動法は別の取り扱いが必要となる．

　N_n 重に縮退した準位 n に属する波動関数を $\psi_{ni}^0 (i = 1 \sim N_n)$ とすると，それらの任意の1次結合も同じエネルギーをもつ固有関数となり，解は一義的には決まらない．すなわち，

$$\mathcal{H}_0 \psi_{n1}^0 = E_n^0 \psi_{n1}^0, \mathcal{H}_0 \psi_{n2}^0 = E_n^0 \psi_{n2}^0, \cdots, \mathcal{H}_0 \psi_{nN_n}^0 = E_n^0 \psi_{nN_n}^0 \tag{4-51}$$

が成り立つとき，その任意の1次結合，

$$\phi_n^0 = \sum_{i=1}^{N_n} \alpha_{ni} \psi_{ni}^0 \tag{4-52}$$

も

$$\mathcal{H}_0 \phi_n^0 = E_n^0 \phi_n^0 \tag{4-53}$$

を満たす．ここに，摂動項 $\mathcal{H}' = \lambda V'$ を導入し，(4-12)，(4-13)式と同様に

$$E_n = E_n^0 + \lambda E'_n + \cdots \tag{4-54}$$

$$\phi_n = \phi_n^0 + \lambda \phi'_n + \cdots = \sum_{i=1}^{N_n} \alpha_{ni} \psi_{ni}^0 + \lambda \sum_j \sum_{i=1}^{N_j} \beta_{ji} \psi_{ji}^0 + \cdots \tag{4-55}$$

と微小パラメータ λ で展開する．ここで，(4-55)式右辺の第2項 $\lambda \phi'_n$ は摂動による補正項だが，ψ_{ni}^0 だけでは完全系を作らないので，他の準位の波動関数も含める必要がある．(4-55)式に $\mathcal{H} = \mathcal{H}_0 + \mathcal{H}'$ を作用させ，波動方程式

$$\mathcal{H} \phi_n = (\mathcal{H}_0 + \mathcal{H}') \phi_n = E_n \phi_n \tag{4-56}$$

に代入すると

4.2 摂動法

$$\mathcal{H}_0\sum_{i=1}^{N_n} \alpha_{ni}\,\phi_{ni}^0 + \lambda\mathcal{H}_0\sum_{j}\sum_{i=1}^{N_j}\beta_{ji}\,\phi_{ji}^0 + \lambda\sum_{i=1}^{N_n}\alpha_{ni}V'\phi_{ni}^0 + \lambda^2\sum_{j}\sum_{i=1}^{N_j}\beta_{ji}V'\phi_{ji}^0+\cdots$$

$$= E_n^0\sum_{i=1}^{N_n}\alpha_{ni}\,\phi_{ni}^0 + \lambda E_n^0\sum_{j}\sum_{i=1}^{N_j}\beta_{ji}\,\phi_{ji}^0$$

$$+\lambda E_n'\sum_{i=1}^{N_n}\alpha_{ni}\,\phi_{ni}^0 + \lambda^2 E_n'\sum_{j}\sum_{i=1}^{N_j}\beta_{ji}\,\phi_{ji}^0+\cdots \tag{4-57}$$

となる．両辺の第1項，第2項は互いに等しく打ち消し合い，λ の1次の項を取り出すと

$$\sum_{i=1}^{N_n}\alpha_{ni}\,\mathcal{H}'\phi_{ni}^0 = \lambda E_n'\sum_{i=1}^{N_n}\alpha_{ni}\,\phi_{ni}^0 \tag{4-58}$$

を得る．この式に左から ϕ_{nj}^0 をかけ積分すると，ϕ_{nm}^0 の規格直交性より，

$$\sum_{i=1}^{N_n}\mathcal{H}'_{ji}\alpha_{ni} = \lambda E_n'\alpha_{nj} \tag{4-59}$$

となる．ここで，$\mathcal{H}'_{ji}$ は(4-23)式で与えられる積分である．$\lambda E_n' = E_n^{(1)}$ とし，右辺を移項し $m=1\sim N_n$ について書き下すと，

$$(\mathcal{H}'_{11}-E_n^{(1)})\alpha_{n1} + \mathcal{H}'_{12}\alpha_{n2}+\cdots+\mathcal{H}'_{1N_n}\alpha_{nN_n}=0$$
$$\mathcal{H}'_{21}\alpha_{n1} + (\mathcal{H}'_{22}-E_n^{(1)})\alpha_{n2}+\cdots+\mathcal{H}'_{2N_n}\alpha_{nN_n}=0$$
$$\cdots\cdots\cdots\cdots\cdots\cdots\cdots\cdots\cdots\cdots\cdots\cdots\cdots\cdots\cdots\cdots\cdots\cdots$$
$$\mathcal{H}'_{N_n1}\alpha_{n1} + \mathcal{H}'_{N_n2}\alpha_{n2}+\cdots+(\mathcal{H}'_{N_nN_n}-E_n^{(1)})\alpha_{nN_n}=0 \tag{4-60}$$

と，N_n 個の未知数 $\alpha_{n1}, \alpha_{n2}, \cdots, \alpha_{nN_n}$ についての1次の連立方程式が得られる．この連立方程式が0でない解をもつには，α_{ni} の係数が作る行列式が

$$\begin{vmatrix} \mathcal{H}'_{11}-E_n^{(1)} & \mathcal{H}'_{12} & \cdots & \mathcal{H}'_{1N} \\ \mathcal{H}'_{21} & \mathcal{H}'_{22}-E_n^{(1)} & \cdots & \mathcal{H}'_{2N} \\ \vdots & \vdots & \ddots & \vdots \\ \mathcal{H}'_{N1} & \mathcal{H}'_{N2} & \cdots & \mathcal{H}'_{NN}-E_n^{(1)} \end{vmatrix}=0 \tag{4-61}$$

を満たす必要がある．この行列式を展開すると，未知数 $E_n^{(1)}$ に対する N_n 次の方程式となり，一般には N_n 個の解をもつ．すなわち縮退していた N_n 個の状態の固有エネルギーが摂動により N_n 個に分裂する．ただし，条件により，

一部縮退が残ることもある．固有値が求まれば変数 α_{ni} が求まり，波動関数も求まる．この場合，縮退のない場合と異なり，1次摂動の範囲では他の準位の波動関数〔(4-55)式の右辺第2項〕は関与せず，同じ準位の波動関数の1次結合で表せる．なお，行列式(4-61)は**永年方程式**とよばれる．

─── ●例　軸対称結晶場内での p 波動関数 ───────

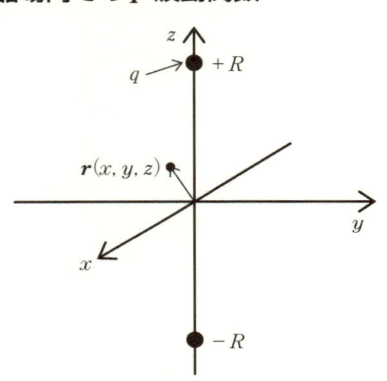

図 4-3　軸対称結晶場．

　水素様原子以外の原子の p 状態 ($n=2, l=1$) は3重に縮退している（水素様原子では $2s$ 状態も同じエネルギーをもち4重に縮退しているが，内殻電子をもつ金属イオンなどの場合，一般に ns 状態と np 状態は異なったエネルギー準位となる）．したがってその波動関数は，(2-96)式で $n=2$，$l=1$，$m=-1, 0, +1$ と置いたもの，あるいは，(2-98)式で与えられる実数表示の p_x, p_y, p_z 関数のどちらを採用してもよい．今，前者を採用し，原子の上下，z 軸方向に $+a$，$-a$ 離れた位置に電荷 q を置いた場合の摂動効果を調べる．これは原子（またはイオン）が固体中で軸対称結晶場中に置かれた場合に相当する．この場合，原子の近く $r(x,y,z)|r|\ll a$ の位置（**図 4-3** 参照）での電場ポテンシャル，すなわち摂動ポテンシャルは簡単な計算より，

$$V'(x,y,z) = A(3z^2 - r^2) \tag{4-62}$$

極座標では

$$V' = Ar^2(3\cos^2\theta - 1) \tag{4-63}$$

で表せる．A は電荷 q および距離 a で決まる定数であり，$q>0$ であれば，電子の感じるポテンシャルは $A<0$ となる．

4.2 摂動法

3つの波動関数は,

$$\phi_1^0 = \phi_{n10} = R_{n1}(r) Y_1^0 = \sqrt{\frac{3}{4\pi}} R_{n1}(r) \cos\theta$$

$$\phi_2^0 = \phi_{n11} = R_{n1}(r) Y_1^1 = -\sqrt{\frac{3}{8\pi}} R_{n1}(r) \sin\theta\, e^{i\phi}$$

$$\phi_3^0 = \phi_{n1-1} = R_{n1}(r) Y_1^{-1} = \sqrt{\frac{3}{8\pi}} R_{n1}(r) \sin\theta\, e^{-i\phi} \qquad (4\text{-}64)$$

であり, 行列要素 $\mathcal{H}'_{ij}$ は,

$$\mathcal{H}'_{11} = \frac{3}{4\pi} A \int_0^\infty R_{n1}(r)^2 r^4 dr \cdot \int_0^\pi \cos^2\theta (3\cos^2\theta - 1)\sin\theta\, d\theta \int_0^{2\pi} d\phi \quad (4\text{-}65\text{a})$$

$$\mathcal{H}'_{12} = -\mathcal{H}'_{13}$$
$$= -\frac{3\sqrt{2}}{8\pi} A \int_0^\infty R_{n1}(r)^2 r^4 dr \cdot \int_0^\pi \cos\theta (3\cos^2\theta - 1)\sin^2\theta\, d\theta \int_0^{2\pi} e^{i\phi} d\phi$$
$$(4\text{-}65\text{b})$$

$$\mathcal{H}'_{22} = \mathcal{H}'_{33}$$
$$= \frac{3}{8\pi} A \int_0^\infty R_{n1}(r)^2 r^4 dr \cdot \int_0^\pi \sin\theta (3\cos^2\theta - 1)\sin^2\theta\, d\theta \int_0^{2\pi} d\phi \quad (4\text{-}65\text{c})$$

ここで, ϕ に関する積分は $\int_0^{2\pi} d\phi = 2\pi$ 以外は 0 となり非対角要素 ($i \neq j$) はすべて 0 となる. 対角要素は, $\int_0^\infty R_{n1}(r)^2 r^4 dr = B (>0)$ とし, $\cos\theta = t$ と置くと,

$$\mathcal{H}'_{11} = \frac{3}{2} AB \int_{-1}^1 (3t^4 - t^2)\, dt = \frac{4}{5} AB$$
$$\mathcal{H}'_{22} = \mathcal{H}'_{33} = -\frac{3}{4} AB \int_{-1}^1 (3t^4 - 4t^2 + 1)\, dt = -\frac{2}{5} AB \qquad (4\text{-}66)$$

が得られる. したがって, 永年方程式(4-61)式は

$$\begin{vmatrix} \frac{4}{5}AB - E & 0 & 0 \\ 0 & -\frac{2}{5}AB - E & 0 \\ 0 & 0 & -\frac{2}{5}AB - E \end{vmatrix} = 0 \qquad (4\text{-}67)$$

となり，解(摂動エネルギー) $E = (4/5)AB$ および，$E = -(2/5)AB$ (2重根)が得られる．以上の結果は物理的には以下のように理解できる．

図4-3に示したような軸対称結晶場中に $l=1$, $m=-1, 0, +1$ の軌道をもつ原子を置いた場合，電子密度は**図4-4**に示すような分布を示すが，$l=1$, $m=0$ の軌道，すなわち p_z 軌道は正電荷の方向に伸びた分布をしており正電荷 q により静電エネルギーが低下する ($A<0$ であることに注意)．それに対し，$l=1$, $m=\pm 1$ 軌道，あるいは p_x, p_y 軌道は $x-y$ 面内に高い密度をもち静電エネルギーは相対的に高くなる．このようなエネルギー準位の分裂を，結晶場分裂とよぶ．

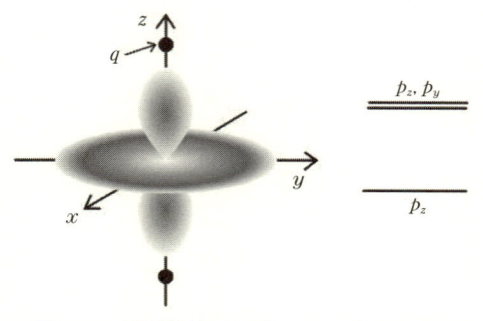

図4-4 軸対称結晶場中での p 波動関数．

4.3 変 分 法

シュレーディンガー方程式の近似解を得るもう1つの重要な手段である変分法は，すでに4.1節で述べた「**シュレーディンガー波動方程式の固有解の集合は完全規格直交系をなす**」．したがって，「**同じ境界条件を満たす任意の関数(特異点などを含まない自然関数)はシュレーディンガー方程式の固有解で展開できる**」という定理に基づく．

今，仮に何らかの方法により正しい固有解の組(仮想完全直交系)が得られたとする．当然基底状態 ψ_0 も含まれ，そのときのエネルギーは最低値 E_0 をとる．実際には正しい解は解析的には求まらないので，物理的洞察により，正しい解に近いと思われる試行関数を作りその状態のエネルギーの平均値，

$$\langle E \rangle = \frac{\iiint \phi^* \mathcal{H} \phi \, dxdydz}{\iiint \phi^* \phi \, dxdydz} \tag{4-68}$$

を計算する．得られた値 $\langle E \rangle$ は当然 $\langle E \rangle > E_0$ のはずである．なぜなら，どのような関数をとろうと，仮想完全直交系で展開すれば，必ず ϕ_0 以外のよりエネルギーの高い状態関数を含むからである．いいかえれば，より小さな $\langle E \rangle$ を与える試行関数ほど正しい基底状態に近いといえる．通常，試行関数にパラメータを埋め込んでおき，$\langle E \rangle$ が極値をとるパラメータを求める．このような近似法を変分法とよぶ．

4.3.1 水素原子の分極

ここで，再び水素原子に電場をかけたときの分極効果を変分法で計算する．すでに述べたように，ハミルトニアンは $\mathcal{H} = \mathcal{H}_0 + e\mathbb{E}z$（$\mathcal{H}_0$ は水素原子のハミルトニアン）である．試行関数は，図 4-1 で表せるような電子雲の重心が z 方向に偏った関数であることが予想されるので，

$$\phi = \phi_{1s}(1 + \gamma z), \quad \phi_{1s} = A e^{-r/a_0} \tag{4-69}$$

を採用する．ここで，a_0 はボーア半径，$a_0 = 4\pi\varepsilon_0 \hbar^2 / m_e e^2$ である．この式を (4-68) 式に代入し計算すると，少し面倒な計算なので結果だけ示すと（参考書 (3), p.217 参照）

$$\langle E \rangle = \frac{\langle \phi | \mathcal{H} | \phi \rangle}{\langle \phi | \phi \rangle} = \varepsilon_{1s} + \frac{2e\mathbb{E}a_0^2 \gamma + \gamma^2 \hbar^2 / 2m_e}{1 + a_0^2 \gamma^2} \tag{4-70}$$

を得る．$d\langle E \rangle / d\gamma = 0$ より極値を与える γ を求めると，

$$\gamma = \frac{\hbar^2}{4e\mathbb{E}a_0^4 m_e} \left\{ 1 - \sqrt{1 + \left(\frac{4e\mathbb{E}a_0^3 m_e}{\hbar^2}\right)^2} \right\} \approx -\frac{2e a_0^3 m_e}{\hbar^2} \mathbb{E} \tag{4-71}$$

が得られる．定数 A は規格化条件により定めればよい．得られた γ 値を (4-70) 式に代入すると，

$$\langle E \rangle = \varepsilon_{1s} - \frac{2e^2 a_0^4 m_e}{\hbar^2} \mathbb{E}^2 = \varepsilon_{1s} - 8\pi\varepsilon_0 a_0^3 \mathbb{E}^2 \tag{4-72}$$

が得られる．これを摂動法で得られた解(4-44)式と比較すると，係数がわずかに違う同形の解が得られる．

4.3.2 水素分子イオン

実際の分子や結晶の電子状態は変分法によって計算されることが多い．ここでは，最も簡単な分子である水素分子イオン(2個のプロトンと1個の電子からなる系)について概要を紹介する．この系のハミルトニアンは**図4-5**で定義される変数を使って，

$$\mathcal{H} = -\frac{\hbar^2}{2m_e}\nabla^2 + \frac{e^2}{4\pi\varepsilon_0}\left(\frac{1}{R} - \frac{1}{r_a} - \frac{1}{r_b}\right) \tag{4-73}$$

となる．試行関数として2つの水素原子の $1s$ 波動関数の和を選ぶ．すなわち，

$$\psi = C_A\varphi_a^{1s} + C_B\varphi_b^{1s}$$
$$\varphi_a^{1s} = (\pi a_0^3)^{-1/2} e^{-r_a/a_0}, \quad \varphi_b^{1s} = (\pi a_0^3)^{-1/2} e^{-r_b/a_0} \tag{4-74}$$

この式を(4-68)式に代入し，極値を与える結合定数 C_A, C_B を求めればよい．計算は少々複雑になるが要点を書き下しておく．エネルギーの平均値は

$$\langle E \rangle = \frac{\int (C_A\varphi_a^{1s} + C_B\varphi_b^{1s})\mathcal{H}(C_A\varphi_a^{1s} + C_B\varphi_b^{1s})d\boldsymbol{r}}{\int (C_A\varphi_a^{1s} + C_B\varphi_b^{1s})^2 d\boldsymbol{r}}$$

$$= \frac{C_A^2\mathcal{H}_{AA} + 2C_AC_B\mathcal{H}_{AB} + C_B^2\mathcal{H}_{BB}}{C_A^2 S_{AA} + 2C_AC_B S_{AB} + C_B^2 S_{BB}} \tag{4-75}$$

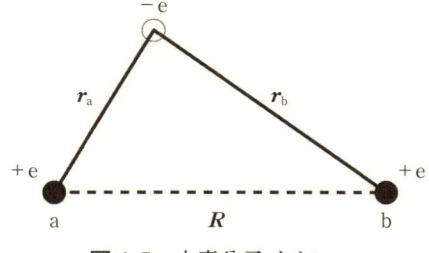

図4-5 水素分子イオン．

で与えられる.ここで,$\mathcal{H}_{MN} = \int \varphi_m^{1s} \mathcal{H} \varphi_n^{1s} d\boldsymbol{r} = \mathcal{H}_{NM}$, $S_{MN} = \int \varphi_m^{1s} \varphi_n^{1s} d\boldsymbol{r} = S_{NM}$ とする.

極値をとる条件式は,$\partial \langle E \rangle / \partial C_A = 0$,$\partial \langle E \rangle / \partial C_B = 0$ で与えられるが,$\partial \langle E \rangle / \partial C_A = 0$ について書き下すと,

$$\frac{\partial \langle E \rangle}{\partial C_A} = \frac{2(C_A \mathcal{H}_{AA} + C_B \mathcal{H}_{AB})}{C_A^2 S_{AA} + 2 C_A C_A S_{AB} + C_B^2 S_{BB}}$$
$$- \frac{2(C_A S_{AA} + C_B S_{AB})(C_A^2 \mathcal{H}_{AA} + 2 C_A C_B \mathcal{H}_{AB} + C_B^2 \mathcal{H}_{BB})}{(C_A^2 S_{AA} + 2 C_A C_B S_{AB} + C_B^2 S_{BB})^2} = 0$$
(4-76)

を得る.この式に,(4-75)式から得られる関係式

$$C_A^2 \mathcal{H}_{AA} + 2 C_A C_B \mathcal{H}_{AB} + C_B^2 \mathcal{H}_{BB} = (C_A^2 S_{AA} + 2 C_A C_B S_{AB} + C_B^2 S_{BB}) \langle E \rangle$$
(4-77)

を代入すると,

$$(C_A \mathcal{H}_{AA} + C_B \mathcal{H}_{AB}) - (C_A S_{AA} + C_B S_{AB}) \langle E \rangle = 0 \quad (4\text{-}78)$$

が得られ,C_A,C_B を未知数とする方程式に書き直すと,

$$(\mathcal{H}_{AA} - S_{AA} \langle E \rangle) C_A + (\mathcal{H}_{AB} - S_{AB} \langle E \rangle) C_B = 0 \quad (4\text{-}79)$$

となる.同様に条件式 $\partial \langle E \rangle / \partial C_B = 0$ より,

$$(\mathcal{H}_{AB} - S_{AB} \langle E \rangle) C_A + (\mathcal{H}_{BB} - S_{BB} \langle E \rangle) C_B = 0 \quad (4\text{-}80)$$

が得られ,(4-79)式と合わせ,2元連立方程式となる.解が存在するための条件式として,

$$\begin{vmatrix} \mathcal{H}_{AA} - S_{AA} \langle E \rangle & \mathcal{H}_{AB} - S_{AB} \langle E \rangle \\ \mathcal{H}_{AB} - S_{AB} \langle E \rangle & \mathcal{H}_{BB} - S_{BB} \langle E \rangle \end{vmatrix} = 0 \quad (4\text{-}81)$$

が得られる.原子 a と b は同等なので $\mathcal{H}_{BB} = \mathcal{H}_{AA}$.また,$\varphi_a^{1s}$,$\varphi_b^{1s}$ は規格化された関数なので,$S_{AA} = S_{BB} = 1$ として,2次方程式(4-81)式を解くことにより,

$$E_1 = \frac{\mathcal{H}_{AA} + \mathcal{H}_{AB}}{1 + S_{AB}}, \quad E_2 = \frac{\mathcal{H}_{AA} - \mathcal{H}_{AB}}{1 - S_{AB}} \quad (4\text{-}82)$$

と,取り得るエネルギーが求まる.$\mathcal{H}_{AA}$,$\mathcal{H}_{AB}$,S_{AB} の具体的な値の計算は簡

第4章 近似解

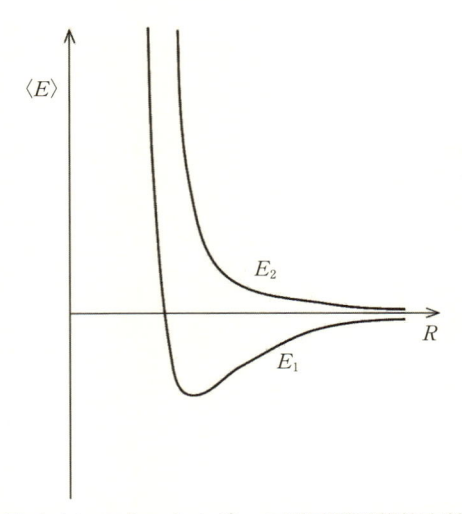

図 4-6 水素分子イオンの全エネルギーの原子間距離依存性. $R \to \infty$ での
エネルギーは水素原子のエネルギーに等しい.

単でないが(詳しい計算法は参考書(5), p.140 参照), $\mathcal{H}_{AA}<0$, $\mathcal{H}_{AB}<0$, $0<S_{AB}<1$ であることがわかっており, $E_1<E_2$ となる. E_1, E_2 を R の関数として描くと, **図 4-6** のようになり, E_1 は 2 つの原子を近づけると負の値が大きくなり, さらに近づけると, 2 個の原子核間の静電反発エネルギーにより大きな正の値をとる. したがって, 途中で最小値をとり水素分子イオンが形成されることがわかる.

また, それに対応する波動関数は,

$$\psi_S = \psi_1 = \frac{1}{\sqrt{2(1+S_{AB})}}(\varphi_a^{1s} + \varphi_b^{1s})$$

$$\psi_{AS} = \psi_2 = \frac{1}{\sqrt{2(1-S_{AB})}}(\varphi_a^{1s} - \varphi_b^{1s}) \tag{4-83}$$

と求まる. **図 4-7**(a)にこれらの波動関数の断面を示すが, $\psi_S = \psi_1$ は左右対称形なので対称解とよばれ, $\psi_{AS} = \psi_2$ は左右反対称形で反対称解とよばれ, 中点で 0 となる. 図 4-7(b) は波動関数の 2 乗, すなわち電子密度分布を示すが, ψ_S は中点で一定の電子密度をもつのに対し, ψ_{AS} は中間に電子が存在せ

4.3 変　分　法

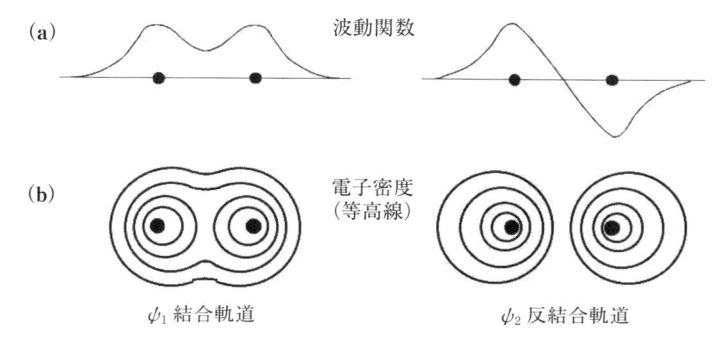

図 4-7 水素分子イオンの波動関数と電子密度の概念図．（a）波動関数 ϕ_1, ϕ_2 の断面（b）対応する電子密度

ず，クーロン反発力により静電エネルギーが高い状態であることがわかる．このような考察により ϕ_S を結合軌道，ϕ_{AS} を反結合軌道とよぶこともある．

4.3.3　1次変分関数による解法

前節では水素分子イオンに対する変分試行関数として原子 a, b の波動関数 $\varphi_a^{1s}, \varphi_b^{1s}$ の和を選んだが，もう少し一般的に，互いに独立な関数の和

$$\phi(\boldsymbol{r}) = \alpha_1 \varphi_1(\boldsymbol{r}) + \alpha_2 \varphi_2(\boldsymbol{r}) + \cdots + \alpha_N \varphi_N(\boldsymbol{r}) \tag{4-84}$$

を試行関数として選び変分原理に基づき平均エネルギーを最低にする係数を決める方法がよく使われる．ここで，$\varphi_1(\boldsymbol{r}), \varphi_2(\boldsymbol{r}), \cdots$ は必ずしも規格直交系でなくともよい．この試行関数を，(4-68)式で与えられる平均エネルギーに代入すると，

$$E = \frac{\iiint \phi^* \mathcal{H} \phi d\boldsymbol{r}}{\iiint \phi^* \phi d\boldsymbol{r}} = \frac{\displaystyle\sum_{i=1}^{N}\sum_{j=1}^{N} \alpha_i \alpha_j \mathcal{H}_{ij}}{\displaystyle\sum_{i=1}^{N}\sum_{j=1}^{N} \alpha_i \alpha_j \Delta_{ij}} \tag{4-85}$$

となり，書き換えると

$$E \sum_{i=1}^{N}\sum_{j=1}^{N} \alpha_i \alpha_j \Delta_{ij} = \sum_{i=1}^{N}\sum_{j=1}^{N} \alpha_i \alpha_j \mathcal{H}_{ij} \tag{4-86}$$

が得られる．ここで $\mathcal{H}_{ij}$, Δ_{ij} は

$$\mathcal{H}_{ij} = \iiint \varphi_i^* \mathcal{H} \varphi_j \, d\boldsymbol{r}, \quad \Delta_{ij} = \iiint \varphi_i^* \varphi_j \, d\boldsymbol{r} \tag{4-87}$$

で与えられ，Δ_{ij} を重なり積分とよぶ．E を極小にする係数を求めるため，(4-86)式を α_k で微分すると

$$\frac{\partial E}{\partial \alpha_k} \sum_{i=1}^{N} \sum_{j=1}^{N} \alpha_i \alpha_j \Delta_{ij} + E \frac{\partial}{\partial \alpha_k} \left(\sum_{i=1}^{N} \sum_{j=1}^{N} \alpha_i \alpha_j \Delta_{ij} \right) = \frac{\partial}{\partial \alpha_k} \left(\sum_{i=1}^{N} \sum_{j=1}^{N} \alpha_i \alpha_j \mathcal{H}_{ij} \right) \tag{4-88}$$

が得られ，極小条件 $\partial E/\partial \varepsilon_k = 0$ より左辺第1項は0となり，移項して $k=1,\cdots,N$ について書き下すと

$$(\mathcal{H}_{11} - \Delta_{11}E)\alpha_1 + (\mathcal{H}_{12} - \Delta_{12}E)\alpha_2 + \cdots\cdots + (\mathcal{H}_{1N} - \Delta_{1N}E)\alpha_N = 0$$
$$(\mathcal{H}_{21} - \Delta_{21}E)\alpha_1 + (\mathcal{H}_{22} - \Delta_{22}E)\alpha_2 + \cdots\cdots + (\mathcal{H}_{2N} - \Delta_{2N}E)\alpha_N = 0$$
$$\cdots\cdots\cdots\cdots\cdots\cdots\cdots\cdots\cdots\cdots\cdots\cdots\cdots\cdots\cdots\cdots\cdots\cdots$$
$$(\mathcal{H}_{N1} - \Delta_{N1}E)\alpha_1 + (\mathcal{H}_{N2} - \Delta_{N2}E)\alpha_2 + \cdots + (\mathcal{H}_{NN} - \Delta_{NN}E)\alpha_N = 0 \tag{4-89}$$

という未知変数を α_k とする N 元1次の連立方程式が得られる．α_k が0以外の解をもつためには，係数が作る行列式は

$$\begin{vmatrix} \mathcal{H}_{11} - \Delta_{11}E & \mathcal{H}_{12} - \Delta_{12}E & \cdots & \mathcal{H}_{1N} - \Delta_{1N}E \\ \mathcal{H}_{21} - \Delta_{21}E & \mathcal{H}_{22} - \Delta_{22}E & \cdots & \mathcal{H}_{2N} - \Delta_{2N}E \\ \vdots & \vdots & \ddots & \vdots \\ \mathcal{H}_{N1} - \Delta_{N1}E & \mathcal{H}_{N2} - \Delta_{N2}E & \cdots & \mathcal{H}_{NN} - \Delta_{NN}E \end{vmatrix} = 0 \tag{4-90}$$

でなければならない．この行列式を展開すると変数 E に対する N 次の方程式となり，一般に N 個の解が得られる．その中で最も小さい解が基底状態のエネルギーを与える．

$\varphi_1(\boldsymbol{r}), \varphi_2(\boldsymbol{r}), \cdots$ が規格直交系であれば $i=j$ のときは $\Delta_{ii}=1$，$i \neq j$ のときは $\Delta_{ij}=0$ なので，(4-90)式は

$$\begin{vmatrix} \mathcal{H}_{11} - E & \mathcal{H}_{12} & \cdots & \mathcal{H}_{1N} \\ \mathcal{H}_{21} & \mathcal{H}_{22} - E & \cdots & \mathcal{H}_{2N} \\ \vdots & \vdots & \ddots & \vdots \\ \mathcal{H}_{N1} & \mathcal{H}_{N2} & \cdots & \mathcal{H}_{NN} - E \end{vmatrix} = 0 \tag{4-91}$$

と簡単になる．これは，縮退した系に対する摂動法で得られた**永年方程式**(4-61)式と同じ形をしており，縮退した系に対する摂動法は変分法の特殊な例と見なすことができる．

　具体的に解を得るためには，まずポテンシャル $V(\boldsymbol{r})$，それに対応するハミルトニアン $\mathcal{H}$ を設定し，次に適当な試行関数の組 $\varphi_1(\boldsymbol{r}), \varphi_2(\boldsymbol{r}), \cdots$ を仮定し，それに基づき(4-87)式より $\mathcal{H}_{ij}$ や Δ_{ij} を求め，永年方程式(4-90)または(4-91)式を解けばよい．これを解析的に求めるのは簡単でないが，最近ではコンピュータの発達により数値的に解くことは容易なので，量子化学や物性物理学の分野で広く使われている方法である．このとき，多くの場合，対象は多原子かつ多電子系なのでポテンシャルを設定するにあたって，自分以外の他の電子が作るポテンシャルをいかに取り入れるかが問題となり，これについては次章「多電子系の取り扱い」で改めて考える．またどのような試行関数を使うかも重要であり，たとえば，多原子分子の場合，構成原子の価電子の波動関数の1次結合を採用することが多い．このような方法を分子軌道法という．また，固体については，ポテンシャルは結晶の対称性を反映した周期ポテンシャルとなり，試行関数もそれに対応したブロッホ関数とよばれる一種の周期関数を用いるが，これはバンド計算とよばれる物性物理学の大きな分野であり詳細は専門書に任せることにする(たとえば，参考書(7))．

演習問題 4-1

　1次元調和振動子に $\mathcal{H}' = ax^4$ という摂動が加わったときの基底状態 ($n=0$) のエネルギー準位の変化を1次の摂動により求めよ．

演習問題 4-2

　周期的境界条件で求めた1次元自由電子に $\mathcal{H}' = U\cos(2\pi x/a)$ で表せる周期ポテンシャル($a \ll L$ とする)が摂動として加わったとき，波数 $k = \pm\pi/a$ で生じるエネルギーギャップの大きさを縮退ある状態に対する1次摂動法で求めよ．

第 5 章

多電子系の取り扱い

　これまで取り上げた例は，すべて定められたポテンシャル $V(r)$ 中におかれた 1 個の電子についての解を求めたわけであるが，実際の原子・分子あるいは固体中では，電子は複数個存在する．このとき，もっとも簡単な考え方は，1 電子系で求めた波動関数を電子の軌道と考え，その軌道を複数の電子が埋めてゆく（占有する）とするものである．たとえば，He 原子の場合，水素様原子で $Z=2$（Z：原子核の価数）として求めた軌道，たとえば $1s$ 軌道を 2 個の電子が占有すると考えるわけである．しかし，実際には互いの電子間には静電相互作用が働き，注目した電子の感じるポテンシャルは他の電子の影響を受けるので正しい固有エネルギーを与えない．電子間相互作用を取り入れるため，いろいろな近似法が考えられているが，さらにもう 1 つ，パウリの禁律として知られる「1 個の軌道には 2 個の電子しか入り得ない」という制約がある．したがって，$Z=3$ の Li 原子の場合，2 個の電子が $1s$ 軌道を占有し，3 番目の電子は，$2s$ 軌道に入るとしなければならない．なお，パウリの禁律は「多電子系の波動関数は座標の入れ替えに対して反対称でなければならない」という，より一般的なパウリの原理から導けるが，このとき電子のもう 1 つの性質であるスピン座標を導入する必要がある．本章では，これらの概念も含め，最も簡単な He 原子から出発し多電子系の一般的な取り扱いについて説明する．

5.1　ヘリウム原子の基底状態

5.1.1　電子間相互作用を無視したときの解

　はじめに，最も簡単な多電子系であるヘリウム原子について考える．**図 5-1**

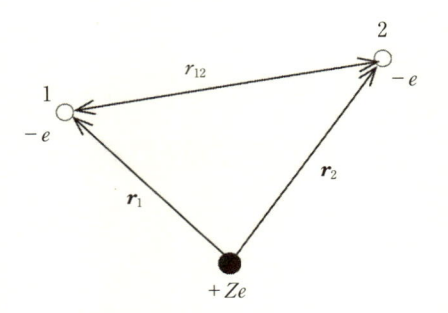

図 5-1 He 原子の電荷配置.

に示すように，原点に $+Ze$ の電荷をもつ原子核を置き，電子 1, 2 の座標を $\boldsymbol{r}_1, \boldsymbol{r}_2$ とする．r_{12} は 2 つの電子間の距離で $r_{12} = |\boldsymbol{r}_1 - \boldsymbol{r}_2|$ である．したがって，この系のポテンシャルエネルギーは

$$V(\boldsymbol{r}_1, \boldsymbol{r}_2) = -\frac{Ze^2}{4\pi\varepsilon_0}\left(\frac{1}{r_1} + \frac{1}{r_2}\right) + \frac{e^2}{4\pi\varepsilon_0}\frac{1}{r_{12}} \tag{5-1}$$

で与えられる．2 電子の波動関数は一般的に $\Psi(\boldsymbol{r}_1, \boldsymbol{r}_2)$ と書け，波動方程式は

$$-\left(\frac{\hbar^2}{2m_\mathrm{e}}\nabla_1^2 + \frac{\hbar^2}{2m_\mathrm{e}}\nabla_2^2\right)\Psi(\boldsymbol{r}_1, \boldsymbol{r}_2) + V(\boldsymbol{r}_1, \boldsymbol{r}_2)\Psi(\boldsymbol{r}_1, \boldsymbol{r}_2)$$
$$= E\Psi(\boldsymbol{r}_1, \boldsymbol{r}_2) \tag{5-2}$$

と書ける．ここで，∇_i^2 は i 番目の電子についてのラプラシアン

$$\nabla_i^2 = \frac{\partial^2}{\partial x_i^2} + \frac{\partial^2}{\partial y_i^2} + \frac{\partial^2}{\partial z_i^2}$$

である．

もし電子間の相互作用ポテンシャル ((5-1) 式最終項) を無視してよいなら，波動方程式は

$$-\left(\frac{\hbar^2}{2m_\mathrm{e}}\nabla_1^2 + \frac{\hbar^2}{2m_\mathrm{e}}\nabla_2^2\right)\Psi(\boldsymbol{r}_1, \boldsymbol{r}_2) - \left\{\frac{Ze^2}{4\pi\varepsilon_0}\left(\frac{1}{r_1} + \frac{1}{r_2}\right)\right\}\Psi(\boldsymbol{r}_1, \boldsymbol{r}_2)$$
$$= E\Psi(\boldsymbol{r}_1, \boldsymbol{r}_2) \tag{5-3}$$

となり，ポテンシャルは各電子が感じるポテンシャルの和となるので，変数分離法が適用でき，波動関数は各電子の積で表せ，エネルギーは各電子の和とな

5.1 ヘリウム原子の基底状態

るであろう．すなわち，

$$\Psi(\boldsymbol{r}_1, \boldsymbol{r}_2) = \phi_1(\boldsymbol{r}_1)\phi_2(\boldsymbol{r}_2) \tag{5-4}$$

$$E = \varepsilon_1 + \varepsilon_2 \tag{5-5}$$

ここで，ε_i は

$$-\frac{\hbar^2}{2m_\text{e}}\nabla_i^2\phi_i(\boldsymbol{r}_i) - \frac{Ze^2}{4\pi\varepsilon_0 r_i}\phi_i(\boldsymbol{r}_i) = \varepsilon_i\phi_i(\boldsymbol{r}_i) \tag{5-6}$$

を満たす各電子のエネルギー固有値である．これは，水素様原子の波動方程式(2-63)に他ならず，波動関数は(2-96)式，固有エネルギーは(2-97)式で与えられる．最低エネルギー(基底状態)の解は $n=1, l=0, m=0$，すなわち $1s$ 状態である．したがって，2個の電子とも $1s$ 状態にあるとき(He原子の基底状態)，波動関数は

$$\Psi_0(\boldsymbol{r}_1, \boldsymbol{r}_2) = \phi_{1s}(\boldsymbol{r}_1)\phi_{1s}(\boldsymbol{r}_2) = \frac{1}{\pi}\left(\frac{Z}{a_0}\right)^3 e^{-Zr_1/a_0}e^{-Zr_2/a_0} \tag{5-7}$$

固有エネルギーは

$$E_0 = 2\varepsilon_{1s} = -2\frac{Z^2 m_\text{e} e^4}{2(4\pi\varepsilon_0)^2} = 2Z^2 E_\text{H} \tag{5-8}$$

となる．ここで，ε_{1s} は水素様原子 ($Z=2$) の $1s$ 電子のエネルギーで，E_H は水素原子 ($Z=1$) の $1s$ 電子のエネルギーである．しかし，電子間の相互作用を無視するのはあまりにも乱暴な近似なので，これを取り入れるためいろいろな近似法が考案されている．

5.1.2 摂動法による近似

(5-7)式で与えられる状態を無摂動波動関数として，摂動ハミルトニアンを

$$\mathcal{H}' = \frac{e^2}{4\pi\varepsilon_0|\boldsymbol{r}_1 - \boldsymbol{r}_2|} \tag{5-9}$$

とすると，1次摂動エネルギーは(4-22)式より

$$\Delta E^{(1)} = \iint \Psi_0^* \mathcal{H}' \Psi_0 d\boldsymbol{r}_1 d\boldsymbol{r}_2$$

$$= \frac{e^2}{4\pi\varepsilon_0}\iint \frac{1}{|\boldsymbol{r}_1 - \boldsymbol{r}_2|}\{\phi_{1s}(\boldsymbol{r}_1)\phi_{1s}(\boldsymbol{r}_2)\}^2 d\boldsymbol{r}_1 d\boldsymbol{r}_2 \tag{5-10}$$

で与えられる．電子密度は $\rho(\boldsymbol{r}) = \phi(\boldsymbol{r})^2$ で与えられるので，(5-10)式は

$$\Delta E^{(1)} = \frac{e^2}{4\pi\varepsilon_0} \iint \rho_{1s}(\boldsymbol{r}_1) \frac{1}{|\boldsymbol{r}_1 - \boldsymbol{r}_2|} \rho_{1s}(\boldsymbol{r}_2) \, d\boldsymbol{r}_1 d\boldsymbol{r}_2 \tag{5-11}$$

と書け，摂動エネルギーは確率密度 $\rho_{1s}(\boldsymbol{r}_1)$，$\rho_{1s}(\boldsymbol{r}_2)$ で分布する2個の電子間の平均クーロンエネルギーと見なすことができる．

計算の実行は少し面倒なので省略し（参考書(5)，p.92参照），結果のみを書くと，

$$\Delta E^{(1)} = -\frac{5}{4} Z E_\mathrm{H} \tag{5-12}$$

となり，全エネルギーは

$$E = E_0 + \Delta E^{(1)} = \left(2Z^2 - \frac{5}{4}Z\right) E_\mathrm{H} \tag{5-13}$$

となる．ここで，$E_\mathrm{H} = -13.60$ eV，ヘリウムの場合 $Z=2$ なので，$E_0 = -108.80$ eV，$\Delta E^{(1)} = 34.0$ eV，$E = -74.80$ eV となり，実測値 $E_\mathrm{obs} = -78.72$ eV にかなり近い値が得られる．

5.1.3 変分法による近似

変分試行関数として(5-7)式と同じく水素様波動関数の積を採用する．ただし，このとき，電荷数 Z の代わりに有効電荷数 Z' を定義しこれを変分パラメータとする．すなわち，

$$\Psi(\boldsymbol{r}_1, \boldsymbol{r}_2) = \phi_{1s}(\boldsymbol{r}_1)\phi_{1s}(\boldsymbol{r}_2) = \frac{1}{\pi}\left(\frac{Z'}{a_0}\right)^3 e^{-Z'r_1/a_0} e^{-Z'r_2/a_0} \tag{5-14}$$

を，エネルギー平均値を与える(4-68)式に代入し，最低エネルギーを与える Z' を求めればよい．ハミルトニアンは(5-2)式と同じで

$$\mathcal{H} = -\frac{\hbar^2}{2m_\mathrm{e}}(\nabla_1^2 + \nabla_2^2) - \frac{Ze^2}{4\pi\varepsilon_0}\left(\frac{1}{r_1} + \frac{1}{r_2}\right) + \frac{e^2}{4\pi\varepsilon_0}\frac{1}{|\boldsymbol{r}_1 - \boldsymbol{r}_2|} \tag{5-15}$$

であるが，計算を簡単にするため，2つの部分に分割する．すなわち，

5.1 ヘリウム原子の基底状態

$$\mathcal{H}_1 = -\frac{\hbar^2}{2m_e}(\nabla_1^2 + \nabla_2^2) - \frac{Z'e^2}{4\pi\varepsilon_0}\left(\frac{1}{r_1} + \frac{1}{r_2}\right) \quad (5\text{-}16\text{a})$$

$$\mathcal{H}_2 = (Z' - Z)\frac{e^2}{4\pi\varepsilon_0}\left(\frac{1}{r_1} + \frac{1}{r_2}\right) + \frac{e^2}{4\pi\varepsilon_0}\frac{1}{|\boldsymbol{r}_1 - \boldsymbol{r}_2|} \quad (5\text{-}16\text{b})$$

$$\mathcal{H} = \mathcal{H}_1 + \mathcal{H}_2 \quad (5\text{-}16\text{c})$$

とする．$\mathcal{H}_1$ は電子間相互作用がない場合のハミルトニアンで，エネルギーは (5-8)式と同じく，$Z = Z'$ としたときの 2 個の水素様原子の固有エネルギーの和に等しく

$$\langle E_1 \rangle = \iiint \Psi^* \mathcal{H}_1 \Psi d\boldsymbol{r}_1 d\boldsymbol{r}_2 = 2Z'^2 E_H \quad (5\text{-}17)$$

となる．なお，平均値を求める際の分母は試行関数(5-7)が規格化されているので 1 である．$\mathcal{H}_2$ の平均値のうち，電子間相互作用を与える項は 1 次摂動エネルギーを見積もった際の(5-12)式と同型で，

$$\langle E_3 \rangle = -\frac{5}{4} Z' E_H \quad (5\text{-}18)$$

で与えられ，残りの項，

$$\langle E_2 \rangle = (Z' - Z)\frac{e^2}{4\pi\varepsilon_0} \iint \Psi^* \left(\frac{1}{r_1} + \frac{1}{r_2}\right) \Psi d\boldsymbol{r}_1 d\boldsymbol{r}_2 \quad (5\text{-}19)$$

は，$\boldsymbol{r}_1$ と $\boldsymbol{r}_2$ に関して等価なので，

$$\langle E_2 \rangle = 2(Z' - Z)\frac{e^2}{4\pi\varepsilon_0} \int \phi_{1s}^*(\boldsymbol{r}_1)\frac{1}{r_1}\phi_{1s}(\boldsymbol{r}_1) d\boldsymbol{r}_1 \quad (5\text{-}20)$$

を求めればよく，積分を具体的に変分関数(5-14)式を使って書き下すと

$$\int \phi_{1s}^*(\boldsymbol{r}_1)\frac{1}{r_1}\phi_{1s}(\boldsymbol{r}_1) d\boldsymbol{r}_1$$

$$= \frac{1}{\pi}\left(\frac{Z'}{a_0}\right)^3 \int_0^\infty \int_0^\pi \int_0^{2\pi} \frac{1}{r_1} e^{-2Z'r_1/a_0} r_1^2 \sin\theta \, d\varphi \, d\theta \, dr_1 \quad (5\text{-}21)$$

を計算すればよく，簡単な計算により(参考書(5)，p.99 参照)$-2Z'/a_0$ が得られ，

$$\langle E_2 \rangle = -4(Z' - Z) Z' E_H \quad (5\text{-}22)$$

が求まる．したがって，全エネルギーは

$$\langle E \rangle = \langle E_1 \rangle + \langle E_2 \rangle + \langle E_3 \rangle = \left\{ 2Z'^2 - 4(Z'-Z)Z' - \frac{5}{4}Z' \right\} E_\mathrm{H} \quad (5\text{-}23)$$

となる．変分原理によりエネルギー極小を与える有効電荷数 Z' は

$$\frac{d\langle E \rangle}{dZ'} = \left(4Z' - 8Z' + 4Z - \frac{5}{4} \right) = 0 \quad (5\text{-}24)$$

より，

$$Z' = Z - \frac{5}{16} \quad (5\text{-}25)$$

が求まり，これを (5-23) 式に代入すると

$$\langle E \rangle = 2\left(Z - \frac{5}{16} \right)^2 E_\mathrm{H} \quad (5\text{-}26)$$

が得られる．He 原子 ($Z=2$) について計算すると，$\langle E \rangle = -77.46\,\mathrm{eV}$ と，摂動法よりも実測値 $E_\mathrm{obs} = -78.72\,\mathrm{eV}$ により近い値が得られる．また，有効電荷数 Z' が Z より小さくなるのは，電子 1 が感じる原子核の正電荷が電子 2 の負電荷で遮蔽されるからである．

5.2 ヘリウム原子の励起状態―電子のスピンとパウリの原理―

5.2.1 第 1 励起状態の波動関数

次にヘリウム原子の励起状態（エネルギーの高い状態）を考える．前節で扱ったように，エネルギー準位の低い軌道から順に電子を配置するという考えに従えば，1 個の電子が $1s$ 軌道に入りもう 1 つの電子がよりエネルギーの高い軌道を占めることになる．このとき，電子 1 個の水素様原子の場合の第 2 エネルギー準位は $n=2$ に属す $2s$ 軌道と $2p$ 軌道であり 4 重に縮退していたが，電子密度がより外側に広がる $2p$ 軌道（図 2-7 参照）の方が $1s$ 電子の遮蔽効果をより強く受けるので，縮退が解け $2s$ 軌道より $2p$ 軌道の方が高エネルギー準位となる．したがって，ヘリウム原子の第 1 励起状態の電子配置は $1s^1, 2s^1$ となる（上付数値は各準位を占有する電子数を表す）．

5.2 ヘリウム原子の励起状態

はじめに,摂動法により電子間相互作用を見積もってみよう.この場合,(5-4)式にならって,無摂動波動関数は $\phi_{1s}(\boldsymbol{r}_1)\phi_{2s}(\boldsymbol{r}_2)$ と考えられる.しかし,電子は互いに区別できないので,1,2の電子を入れ替えた $\phi_{1s}(\boldsymbol{r}_2)\phi_{2s}(\boldsymbol{r}_1)$ も無摂動系の波動方程式(5-3)式を満たし同じ固有エネルギーを与える.すなわち,2重に縮退した解が得られ,それらの1次結合

$$\Psi^0(\boldsymbol{r}_1, \boldsymbol{r}_2) = C_1\phi_{1s}(\boldsymbol{r}_1)\phi_{2s}(\boldsymbol{r}_2) + C_2\phi_{1s}(\boldsymbol{r}_2)\phi_{2s}(\boldsymbol{r}_1) \tag{5-27}$$

も,同じ固有エネルギーを与える解となる.したがって,摂動として電子間相互作用を導入するとき,4.2.2項で論じた縮退のある状態に対する摂動法を適用すればよい.

ここで,$\Psi_1^0 = \phi_{1s}(\boldsymbol{r}_1)\phi_{2s}(\boldsymbol{r}_2)$, $\Psi_2^0 = \phi_{1s}(\boldsymbol{r}_2)\phi_{2s}(\boldsymbol{r}_1)$ とし,

$$K = \mathcal{H}'_{11} = \iint \Psi_1^{0*} \mathcal{H}' \Psi_1^0 d\boldsymbol{r}_1 d\boldsymbol{r}_2$$

$$= \frac{e^2}{4\pi\varepsilon_0} \iint \phi_{1s}(\boldsymbol{r}_1)\phi_{2s}(\boldsymbol{r}_2) \frac{1}{|\boldsymbol{r}_1 - \boldsymbol{r}_2|} \phi_{1s}(\boldsymbol{r}_1)\phi_{2s}(\boldsymbol{r}_2) d\boldsymbol{r}_1 d\boldsymbol{r}_2 \tag{5-28a}$$

$$J = \mathcal{H}'_{12} = \iint \Psi_1^{0*} \mathcal{H}' \Psi_2^0 d\boldsymbol{r}_1 d\boldsymbol{r}_2$$

$$= \frac{e^2}{4\pi\varepsilon_0} \iint \phi_{1s}(\boldsymbol{r}_1)\phi_{2s}(\boldsymbol{r}_2) \frac{1}{|\boldsymbol{r}_1 - \boldsymbol{r}_2|} \phi_{1s}(\boldsymbol{r}_2)\phi_{2s}(\boldsymbol{r}_1) d\boldsymbol{r}_1 d\boldsymbol{r}_2 \tag{5-28b}$$

と置けば,電子1,2は対等なので,$\mathcal{H}'_{22} = \mathcal{H}'_{11} = K$, $\mathcal{H}'_{21} = \mathcal{H}'_{12} = J$ となり,永年方程式(4-61)式は

$$\begin{vmatrix} K - E^{(1)} & J \\ J & K - E^{(1)} \end{vmatrix} = 0 \tag{5-29}$$

となり,1次摂動エネルギー

$$E_1^{(1)} = K + J \tag{5-30a}$$
$$E_2^{(1)} = K - J \tag{5-30b}$$

が得られる.ここで,K は(5-11)式と同じく2個の電子間のクーロンエネルギーの平均値と見なせるので,クーロン積分とよばれ正の値をとる.それに対し,J は電子の座標を入れ替えた積分なので交換積分とよばれ,この場合はやはり正の値をもつ.したがって,$E_1^{(1)} > E_2^{(1)}$ である.

係数 C_1, C_2 は，(4-60)式に相当する連立方程式

$$(K-E_i^{(1)})C_1 + JC_2 = 0$$
$$JC_1 + (K-E_i^{(1)})C_2 = 0 \qquad (5\text{-}31)$$

の解であり，$E_1^{(1)}$ に対しては，$C_2 = -C_1$，$E_2^{(1)}$ に対しては，$C_2 = C_1$ となる．したがって，波動関数は，規格化定数も含めて，$E_1^{(1)}$ に対しては，

$$\Psi_S \equiv \Psi_1^{(1)}(\boldsymbol{r}_1, \boldsymbol{r}_2) = \frac{1}{\sqrt{2}}\{\phi_{1s}(\boldsymbol{r}_1)\phi_{2s}(\boldsymbol{r}_2) + \phi_{1s}(\boldsymbol{r}_2)\phi_{2s}(\boldsymbol{r}_1)\} \qquad (5\text{-}32\text{a})$$

$E_2^{(1)}$ に対しては，

$$\Psi_{AS} \equiv \Psi_2^{(1)}(\boldsymbol{r}_1, \boldsymbol{r}_2) = \frac{1}{\sqrt{2}}\{\phi_{1s}(\boldsymbol{r}_1)\phi_{2s}(\boldsymbol{r}_2) - \phi_{1s}(\boldsymbol{r}_2)\phi_{2s}(\boldsymbol{r}_1)\} \qquad (5\text{-}32\text{b})$$

が得られる．ここで，$\Psi_S \equiv \Psi_1^{(1)}(\boldsymbol{r}_1, \boldsymbol{r}_2)$ は，$\Psi_1^{(1)}(\boldsymbol{r}_2, \boldsymbol{r}_1) = \Psi_1^{(1)}(\boldsymbol{r}_1, \boldsymbol{r}_2)$ と電子の入れ替えに対し不変なので，対称解とよばれ（S は Symmetric の略），$\Psi_{AS} = \Psi_2^{(1)}(\boldsymbol{r}_1, \boldsymbol{r}_2)$ は，電子の入れ替えにより $\Psi_2^{(1)}(\boldsymbol{r}_2, \boldsymbol{r}_1) = -\Psi_2^{(1)}(\boldsymbol{r}_1, \boldsymbol{r}_2)$ と，符号が反転するので反対称解 Ψ_{AS} とよばれる（AS は Anti Symmetric の略）．この性質は次項で述べる電子のスピンを考慮した波動関数を考えるとき重要な意味をもつ．

5.2.2 2電子系のスピン関数

電子は質量・電荷以外にもう1つ重要な性質としてスピン角運動量をもっている．これについては1電子の場合について，その基本的な性質を3.4.3項で述べたが，ここで復習しておくと，電子のスピンは回転方向が異なる2つの状態を取り，その角運動量は $\pm\hbar/2$（以下 $\hbar$ は略し $\pm 1/2$ とする）で各々，＋スピン，－スピン状態とよぶ．また，それに対応する状態関数を一般的には $\chi(\sigma)$ で表すが，具体的に，＋スピン状態 $(\sigma:+)$ は α，－スピン状態 $(\sigma:-)$ は β で表され，スピン角運動量の演算子 s_z, s_+, s_- に対し(3-42)式を満たす．すなわち，α, β はスピン角運動量の z 成分，および全角運動量の固有関数である．ただ，1電子の場合は，磁場が存在しなければハミルトニアンにスピン成分は含まれず，特に考慮する必要はなかった．しかし，多電子系では，複数の電子が軌道を占有する場合，スピン方向が関係しパウリの原理として知られる

5.2 ヘリウム原子の励起状態

制約を受ける．以下に，2 電子系を例にとり具体的に説明する．

まず，電子 1, 2 のスピン関数を以下のように定義する．

$$\chi(\sigma) = \begin{cases} \alpha(1)：電子1が+スピン \\ \beta(1)：電子1が-スピン \\ \alpha(2)：電子2が+スピン \\ \beta(2)：電子2が-スピン \end{cases} \tag{5-33}$$

ここで，右辺括弧内の数値 1, 2 は，電子 1, 2 のスピン座標 σ_1, σ_2 を表す．また，たとえば 2 つの電子が共に+スピンの場合の 2 電子スピン関数は，$\chi(\sigma_1, \sigma_2) = \alpha(1)\alpha(2)$ となる．また，2 電子のスピン演算子は $\boldsymbol{S} = \boldsymbol{s}_1 + \boldsymbol{s}_2$ で定義され，合成スピン角運動量とよぶ．$\boldsymbol{s}_1, \boldsymbol{s}_2$ は各々，電子 1，電子 2 のみに作用するベクトル演算子で，各成分で表すと，

$$S_z = s_{1z} + s_{2z}, \quad S_+ = s_{1+} + s_{2+}, \quad S_- = s_{1-} + s_{2-} \tag{5-34}$$

となる．ここで，下付の +，- は (3-38) 式で定義されるスピンに関する昇降演算子を表す．たとえば，上にあげた $\alpha(1)\alpha(2)$ 状態の合成角運動量の z 成分は

$$S_z \alpha(1)\alpha(2) = s_{1z}\alpha(1)\alpha(2) + s_{2z}\alpha(1)\alpha(2)$$
$$= \left(\frac{1}{2} + \frac{1}{2}\right)\alpha(1)\alpha(2) \tag{5-35}$$

となり，$\alpha(1)\alpha(2)$ は合成スピンの z 成分が 1 となる固有状態である．同様に，$\beta(1)\beta(2)$ 状態は z 成分が -1 となる．では，スピン方向が逆方向の場合，たとえば $\alpha(1)\beta(2)$ ではどうだろうか？ この状態に S_z を作用させると，

$$S_z \alpha(1)\beta(2) = \left(\frac{1}{2} - \frac{1}{2}\right)\alpha(1)\beta(2) = 0 \tag{5-36}$$

となり，一見，固有値 0 の固有状態と見なせそうである．しかし，この状態は電子の入れ替えにより異なった状態になり，粒子の非個別性の条件を満たしていない．さらに，全角運動量演算子 $\boldsymbol{S}^2$ を作用させると，

$$\boldsymbol{S}^2 = (\boldsymbol{s}_1 + \boldsymbol{s}_2)^2 = \boldsymbol{s}_1^2 + \boldsymbol{s}_2^2 + 2\boldsymbol{s}_1 \cdot \boldsymbol{s}_2$$
$$2\boldsymbol{s}_1 \cdot \boldsymbol{s}_2 = 2s_{z1}s_{z2} + 2\left(\frac{s_{+1} + s_{-1}}{2}\right)\left(\frac{s_{+2} + s_{-2}}{2}\right) + 2\left(\frac{s_{+1} - s_{-1}}{2i}\right)\left(\frac{s_{+2} - s_{-2}}{2i}\right)$$
$$= 2s_{1z}s_{2z} + s_{+1}s_{-2} + s_{-1}s_{+2} \tag{5-37}$$

より，

$$S^2\alpha(1)\beta(2) = \left(\frac{3}{4} + \frac{3}{4} - \frac{1}{2}\right)\alpha(1)\beta(2) + \beta(1)\alpha(2)$$
$$= \alpha(1)\beta(2) + \beta(1)\alpha(2) \tag{5-38}$$

と，全角運動量の固有状態となっていない．これに対し $\alpha(1)\alpha(2), \beta(1)\beta(2)$ は

$$S^2\alpha(1)\alpha(2) = \left(\frac{3}{4} + \frac{3}{4} + \frac{1}{2}\right)\alpha(1)\alpha(2) = 1(1+1)\alpha(1)\alpha(2)$$
$$S^2\beta(1)\beta(2) = \left(\frac{3}{4} + \frac{3}{4} + \frac{1}{2}\right)\beta(1)\beta(2) = 1(1+1)\beta(1)\beta(2) \tag{5-39}$$

と，いずれも合成全角運動量は $S=1$ に対する固有状態になっている．

逆方向スピンの場合，全角運動量の固有状態になる2電子スピン関数は

$$\chi_1(\sigma_1, \sigma_2) = \frac{1}{\sqrt{2}}\{\alpha(1)\beta(2) + \beta(1)\alpha(2)\} \tag{5-40a}$$

$$\chi_0(\sigma_1, \sigma_2) = \frac{1}{\sqrt{2}}\{\alpha(1)\beta(2) - \beta(1)\alpha(2)\} \tag{5-40b}$$

で与えられる．χ_1 は電子の入れ替えにより $\chi_1(\sigma_2, \sigma_1) = \chi_1(\sigma_1, \sigma_2)$ と対称関数，χ_0 は $\chi_0(\sigma_2, \sigma_1) = -\chi_0(\sigma_1, \sigma_2)$ と反対称関数となっており，いずれも電子の非個別性の条件を満たしている（反対称解の場合，電子の入れ替えに対し符号は変わるが，波動関数の係数が変わるだけなので物理的には同等と考えてよい）．さらに，合成スピンの全角運動量は

$$S^2\chi_1(\sigma_1, \sigma_2) = 1 \times (1+1)\chi_1(\sigma_1, \sigma_2) \tag{5-41a}$$
$$S^2\chi_0(\sigma_1, \sigma_2) = 0 \tag{5-41b}$$

を満たし，χ_1 は合成スピン角運動量 $S=1$ の固有状態であり，$S_z\chi_1 = 0$ よりその z 方向成分は0である．一方，χ_0 は $S=0$ とスピン角運動量が消失した状態である．

5.2.3 パウリの原理

量子力学においては，複数の粒子が存在するとき，互いの粒子を区別することができないというのが大原則である．これを波動関数で表現すれば，

5.2 ヘリウム原子の励起状態

$$\Phi(\tau_1, \tau_2, \cdots, \tau_i, \tau_j, \cdots, \tau_N) = \pm\, \Phi(\tau_1, \tau_2, \cdots, \tau_j, \tau_i, \cdots, \tau_N) \quad (5\text{-}42)$$

と書ける．ここで，τ_i はスピン状態を含めた電子の座標 $\tau_i \equiv (\boldsymbol{r}_i, \boldsymbol{\sigma}_i)$ であり，仮に付けた粒子番号(この場合，i, j)を交換しても，波動関数は不変か，あるいは符号が反転するのみである．符号が反転する場合(反対称状態)は一見異なった状態と思われるが，規格化係数の符号が異なるのみで，数学的には1次従属の関係にあり，物理的には互いに区別できない同一の状態と考えてよい(いかなる観測に対しても同じ観測値を与える)．どちらの符号をとるかは粒子の種類によって決まるが，静止質量をもつ素粒子は粒子の入れ替えに対し反対称であり，**フェルミ粒子**とよばれる．これを**パウリの原理**とよび，電子は代表的なフェルミ粒子である．なお，これに対し，フォトン(光子)のように静止質量をもたない素粒子は粒子の入れ替えに対し対称でありボース粒子とよばれる(複合粒子の場合その限りでなく，たとえば He 原子は**ボース粒子**である)．

パウリの原理を先に求めたヘリウム原子の励起状態に適用してみよう．軌道状態については(5-32a, b)式で求めたように，対称解 $\Psi_1(\boldsymbol{r}_1, \boldsymbol{r}_2)$ と反対称解 $\Psi_2(\boldsymbol{r}_1, \boldsymbol{r}_2)$ が得られたが，パウリの原理により，前者に対してはスピン関数は反対称でなければならず，後者ではスピン関数は対称でなければならない．具体的に書くと，

$$^1\Phi_0 = \frac{1}{2}\{\psi_{1s}(\boldsymbol{r}_1)\psi_{2s}(\boldsymbol{r}_2) + \psi_{2s}(\boldsymbol{r}_1)\psi_{1s}(\boldsymbol{r}_2)\}\{\alpha(1)\beta(2) - \beta(1)\alpha(2)\} \quad (5\text{-}43\text{a})$$

$$^3\Phi_1 = \frac{1}{\sqrt{2}}\{\psi_{1s}(\boldsymbol{r}_1)\psi_{2s}(\boldsymbol{r}_2) - \psi_{2s}(\boldsymbol{r}_1)\psi_{1s}(\boldsymbol{r}_2)\}\alpha(1)\alpha(2) \quad (5\text{-}43\text{b})$$

$$^3\Phi_0 = \frac{1}{2}\{\psi_{1s}(\boldsymbol{r}_1)\psi_{2s}(\boldsymbol{r}_2) - \psi_{2s}(\boldsymbol{r}_1)\psi_{1s}(\boldsymbol{r}_2)\}\{\alpha(1)\beta(2) + \beta(1)\alpha(2)\} \quad (5\text{-}43\text{c})$$

$$^3\Phi_{-1} = \frac{1}{\sqrt{2}}\{\psi_{1s}(\boldsymbol{r}_1)\psi_{2s}(\boldsymbol{r}_2) - \psi_{2s}(\boldsymbol{r}_1)\psi_{1s}(\boldsymbol{r}_2)\}\beta(1)\beta(2) \quad (5\text{-}43\text{d})$$

と4つの独立な状態が得られる．ここで，Φ の左上付数値は合成スピン量子数を S とすると $2S+1$ でスピン縮退数を表し，多重度ともいい，$^1\Phi_0$ を1重項状態，$^3\Phi_1, ^3\Phi_0, ^3\Phi_{-1}$ を3重項状態とよぶ．また，右下付数値はその z 方向成分を表す．磁場が存在しなければ，ハミルトニアンにスピンに関わる項は存在し

ないので，個々の状態のエネルギー固有値は軌道関数のみで決まり，5.2.1 項で求めたように交換積分 J が正であれば 3 重項状態の方が $2J$ だけエネルギーが低い．これは，以下のように解釈できる．(5-43b)～(5-43d) 式から明らかなように，3 重項状態では 2 つの電子が同じ位置にくる確率は 0 であり，言い換えれば，2 個の電子は互いに避け合って運動していると見なしてよく，その分クーロン反発力による静電エネルギーの増加が押さえられるからである．

5.3 水素分子

4.3.2 項で水素分子イオンの電子状態について変分法による解を求めたが，ここでは，2 個の陽子と 2 個の電子からなる水素分子に対して同様の手法で波動関数，固有エネルギーを求める．まず，ポテンシャルは**図 5-2** に示した配置より，

$$V(\boldsymbol{r}_1, \boldsymbol{r}_2) = \frac{e^2}{4\pi\varepsilon_0}\left(-\frac{1}{r_{a1}} - \frac{1}{r_{a2}} - \frac{1}{r_{b1}} - \frac{1}{r_{b2}} + \frac{1}{r_{12}} + \frac{1}{R_{ab}}\right) \quad (5\text{-}44)$$

で与えられる．試行関数としては各々の原子の $1s$ 軌道に 1 個の電子が配置された状態として，

$$\Psi(\boldsymbol{r}_1, \boldsymbol{r}_2) = C_A \psi_a^{1s}(\boldsymbol{r}_1)\psi_b^{1s}(\boldsymbol{r}_2) + C_B \psi_a^{1s}(\boldsymbol{r}_2)\psi_b^{1s}(\boldsymbol{r}_1) \quad (5\text{-}45)$$

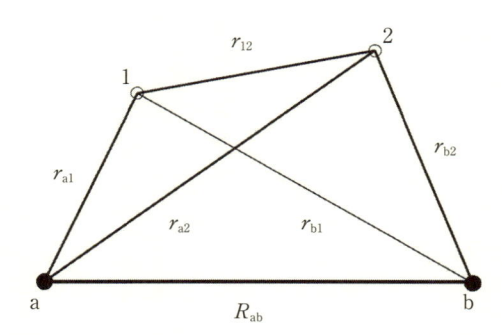

図 5-2 水素分子のモデル．2 個のプロトン a, b の周りに 2 個の電子 1, 2 が存在するとき，それぞれの間の距離を示す．

5.3 水素分子

を選択する．このように，各原子の波動関数の積から出発し電子を入れ替えた状態関数の和を試行関数とする手法を一般的に**原子軌道法**とよぶが，この方法は水素分子に最初に適応したハイトラー(Heitler)とロンドン(London)にちなんでハイトラー–ロンドンモデルとよばれる．具体的な計算は，水素分子イオンについての計算にならって，ハミルトニアンを(4-73)式の代わりに

$$\mathcal{H} = -\frac{\hbar^2}{2m_e}(\nabla_1^2 + \nabla_2^2) + V(\boldsymbol{r}_1, \boldsymbol{r}_2) \tag{5-46}$$

を採用し，試行関数としては(4-74)式の代わりに(5-45)式を採用すれば形式的には水素分子イオンの場合と同じになるので要点のみを記す．係数 C_A, C_B が解をもつ条件として得られた永年方程式は(4-81)式と同じで，

$$\begin{vmatrix} \mathcal{H}_{AA} - S_{AA}\langle E \rangle & \mathcal{H}_{AB} - S_{AB}\langle E \rangle \\ \mathcal{H}_{BA} - S_{BA}\langle E \rangle & \mathcal{H}_{BB} - S_{BB}\langle E \rangle \end{vmatrix} = 0 \tag{5-47}$$

と書くことができ，取り得るエネルギーは(4-82)式と同じく，

$$E_1 = \frac{\mathcal{H}_{AA} + \mathcal{H}_{AB}}{1 + S_{AB}}, \quad E_2 = \frac{\mathcal{H}_{AA} - \mathcal{H}_{AB}}{1 - S_{AB}} \tag{5-48}$$

で与えられる．異なるのは，$\mathcal{H}_{AA}, \mathcal{H}_{AB}, S_{AB}$ のみで以下のように書き下せる．

$$\begin{aligned} S_{AB} = S_{BA} &= \iint \phi_a^{1s}(\boldsymbol{r}_1)\phi_b^{1s}(\boldsymbol{r}_1)\phi_b^{1s}(\boldsymbol{r}_2)\phi_a^{1s}(\boldsymbol{r}_2)\,d\boldsymbol{r}_1 d\boldsymbol{r}_2 \\ &= \left\{\int \phi_a^{1s}(\boldsymbol{r})\phi_b^{1s}(\boldsymbol{r})\,d\boldsymbol{r}\right\}^2 = S^2 \end{aligned} \tag{5-49}$$

$$\mathcal{H}_{AA} = \mathcal{H}_{BB} = \iint \phi_a^{1s}(\boldsymbol{r}_1)\phi_b^{1s}(\boldsymbol{r}_2)\mathcal{H}\phi_a^{1s}(\boldsymbol{r}_1)\phi_b^{1s}(\boldsymbol{r}_2)\,d\boldsymbol{r}_1 d\boldsymbol{r}_2 \tag{5-50}$$

$$\mathcal{H}_{AB} = \mathcal{H}_{BA} = \iint \phi_a^{1s}(\boldsymbol{r}_1)\phi_b^{1s}(\boldsymbol{r}_2)\mathcal{H}\phi_a^{1s}(\boldsymbol{r}_2)\phi_b^{1s}(\boldsymbol{r}_1)\,d\boldsymbol{r}_1 d\boldsymbol{r}_2 \tag{5-51}$$

ここで，$S = \int \phi_a^{1s}(\boldsymbol{r})\phi_b^{1s}(\boldsymbol{r})\,d\boldsymbol{r}$ を重なり積分とよぶ．なお，$\phi_a^{1s}(\boldsymbol{r}), \phi_b^{1s}(\boldsymbol{r})$ はいずれも規格化された関数なので $S_{AA} = S_{BB} = 1$ である．

5.3.1 波動関数

取り得るエネルギーE_1, E_2に対応する波動関数は，水素イオン分子の場合の(4-83)式に対応して

$$\Psi_1 \equiv \Psi_S = \frac{1}{\sqrt{2(1+S^2)}} \{\phi_a^{1s}(\boldsymbol{r}_1)\phi_b^{1s}(\boldsymbol{r}_2) + \phi_b^{1s}(\boldsymbol{r}_1)\phi_a^{1s}(\boldsymbol{r}_2)\} \quad (5\text{-}52\text{a})$$

$$\Psi_2 \equiv \Psi_{AS} = \frac{1}{\sqrt{2(1-S^2)}} \{\phi_a^{1s}(\boldsymbol{r}_1)\phi_b^{1s}(\boldsymbol{r}_2) - \phi_b^{1s}(\boldsymbol{r}_1)\phi_a^{1s}(\boldsymbol{r}_2)\} \quad (5\text{-}52\text{b})$$

が得られる．Ψ_Sは電子の入れ換えに対し対称解，Ψ_{AS}は反対称解である．したがって，スピン関数は，パウリの原理により，Ψ_Sに対してはスピン反対称関数，Ψ_{AS}に対してはスピン対称関数が付随し，スピンを含めた波動関数は

$$^1\Phi_0 = \frac{1}{2\sqrt{(1+S^2)}} \{\phi_a^{1s}(\boldsymbol{r}_1)\phi_b^{1s}(\boldsymbol{r}_2) + \phi_b^{1s}(\boldsymbol{r}_1)\phi_a^{1s}(\boldsymbol{r}_2)\}$$
$$\{\alpha(1)\beta(2) - \beta(1)\alpha(2)\} \quad (5\text{-}53\text{a})$$

$$^3\Phi_1 = \frac{1}{\sqrt{2(1-S^2)}} \{\phi_a^{1s}(\boldsymbol{r}_1)\phi_b^{1s}(\boldsymbol{r}_2) - \phi_b^{1s}(\boldsymbol{r}_1)\phi_a^{1s}(\boldsymbol{r}_2)\}\alpha(1)\alpha(2)$$
$$(5\text{-}53\text{b})$$

$$^3\Phi_0 = \frac{1}{2\sqrt{(1-S^2)}} \{\phi_a^{1s}(\boldsymbol{r}_1)\phi_b^{1s}(\boldsymbol{r}_2) - \phi_b^{1s}(\boldsymbol{r}_1)\phi_a^{1s}(\boldsymbol{r}_2)\}$$
$$\{\alpha(1)\beta(2) + \beta(1)\alpha(2)\} \quad (5\text{-}53\text{c})$$

$$^3\Phi_{-1} = \frac{1}{\sqrt{2(1-S^2)}} \{\phi_a^{1s}(\boldsymbol{r}_1)\phi_b^{1s}(\boldsymbol{r}_2) - \phi_b^{1s}(\boldsymbol{r}_1)\phi_a^{1s}(\boldsymbol{r}_2)\}\beta(1)\beta(2)$$
$$(5\text{-}53\text{d})$$

で与えられ，$^3\Phi_m (m = -1, 0, 1)$は3重に縮退しているので3重項とよばれる．それに対し$^1\Phi_0$は縮退がなく，1重項とよぶ．

5.3.2 エネルギー準位

2つの状態のエネルギー準位は(5-48)式で与えられるが，そのためには$\mathcal{H}_{AA}, \mathcal{H}_{AB}$を求める必要がある．はじめに，$\mathcal{H}_{AA}$を書き下すと，(5-50)式より

5.3 水素分子

$$\mathcal{H}_{AA} = \iint \phi_a^{1s}(\boldsymbol{r}_1)\phi_b^{1s}(\boldsymbol{r}_2)\left\{-\frac{\hbar^2}{2m_e}(\nabla_1^2+\nabla_2^2)\right.$$

$$\left.+\frac{e^2}{4\pi\varepsilon_0}\left(-\frac{1}{r_{a1}}-\frac{1}{r_{b2}}-\frac{1}{r_{a2}}-\frac{1}{r_{b1}}+\frac{1}{r_{12}}+\frac{1}{R_{ab}}\right)\right\}$$

$$\phi_a^{1s}(\boldsymbol{r}_1)\phi_b^{1s}(\boldsymbol{r}_2)\,d\boldsymbol{r}_1 d\boldsymbol{r}_2 \qquad (5\text{-}54)$$

となるが,括弧内1行目は,a,b 2つの水素原子のハミルトニアンに等しいので,積分を実行すると $2E_H$ となり,2行目は $\rho_a^{1s}(\boldsymbol{r}_1) = \{\phi_a^{1s}(\boldsymbol{r}_1)\}^2$, $\rho_b^{1s} = \{\phi_b^{1s}(\boldsymbol{r}_2)\}^2$ と置き,積分を書き直すと

$$K = \frac{e^2}{4\pi\varepsilon_0}\iint \rho_a^{1s}(\boldsymbol{r}_1)\left(-\frac{1}{r_{a2}}-\frac{1}{r_{b1}}+\frac{1}{r_{12}}+\frac{1}{R_{ab}}\right)\rho_b^{1s}(\boldsymbol{r}_2)\,d\boldsymbol{r}_1 d\boldsymbol{r}_2 \qquad (5\text{-}55)$$

となり,系の静電エネルギーを与えるので**クーロン積分**とよぶ.したがって,$\mathcal{H}_{AA}$ は

$$\mathcal{H}_{AA} = 2E_H + K \qquad (5\text{-}56)$$

と書ける.

次に,$\mathcal{H}_{AB}$ を書き下すと,

$$\mathcal{H}_{AB} = \iint \phi_a^{1s}(\boldsymbol{r}_1)\phi_b^{1s}(\boldsymbol{r}_2)\left\{-\frac{\hbar^2}{2m_e}(\nabla_1^2+\nabla_2^2)\right.$$

$$\left.+\frac{e^2}{4\pi\varepsilon_0}\left(-\frac{1}{r_{a1}}-\frac{1}{r_{b2}}-\frac{1}{r_{a2}}-\frac{1}{r_{b1}}+\frac{1}{r_{12}}+\frac{1}{R_{ab}}\right)\right\}$$

$$\phi_a^{1s}(\boldsymbol{r}_2)\phi_b^{1s}(\boldsymbol{r}_1)\,d\boldsymbol{r}_1 d\boldsymbol{r}_2 \qquad (5\text{-}57)$$

となる.ここで,$\phi_a^{1s}(\boldsymbol{r}_2), \phi_b^{1s}(\boldsymbol{r}_1)$ はそれぞれ,

$$\left(-\frac{\hbar^2}{2m_e}\nabla_2^2-\frac{e^2}{4\pi\varepsilon_0}\frac{1}{r_{a2}}\right)\phi_a^{1s}(\boldsymbol{r}_2) = E_H\phi_a^{1s}(\boldsymbol{r}_2)$$

$$\left(-\frac{\hbar^2}{2m_e}\nabla_1^2-\frac{e^2}{4\pi\varepsilon_0}\frac{1}{r_{b1}}\right)\phi_b^{1s}(\boldsymbol{r}_1) = E_H\phi_b^{1s}(\boldsymbol{r}_1) \qquad (5\text{-}58)$$

と固有方程式を満たすので，積分を実行すると，$\mathcal{H}_{AB}$ に対し $S^2 E_H$ の寄与をする．残りの積分は

$$J = \frac{e^2}{4\pi\varepsilon_0} \iint \psi_a^{1s}(\boldsymbol{r}_1) \psi_b^{1s}(\boldsymbol{r}_2) \left(-\frac{1}{r_{a1}} - \frac{1}{r_{b2}} + \frac{1}{r_{12}} + \frac{1}{R_{ab}} \right)$$
$$\psi_a^{1s}(\boldsymbol{r}_2) \psi_b^{1s}(\boldsymbol{r}_1) \, d\boldsymbol{r}_1 d\boldsymbol{r}_2 \tag{5-59}$$

を計算すればよく，$\mathcal{H}_{AB}$ は

$$\mathcal{H}_{AB} = 2S^2 E_H + J \tag{5-60}$$

と書ける．ここで，括弧右側の波動関数は左側の波動関数に対し座標 1, 2(あるいは原子 a, b)を交換しているので J は交換積分とよばれる．したがって，対称解，反対称解のエネルギー ($E_S = E_1$, $E_{AS} = E_2$) は，(5-48)式より，

$$E_S = 2E_H + \frac{K+J}{1+S^2}, \quad E_{AS} = 2E_H + \frac{K-J}{1-S^2} \tag{5-61}$$

と書ける．具体的な値は計算を実行しないとわからないが，重なり積分 S は比較的小さいので，交換積分 J の符号がエネルギーの大小を決める．ヘリウム原子の励起状態の場合(5.2.1項)は J は正であったが，水素分子の場合は(5-59)式の括弧内第 1, 第 2 項の負の寄与が大きく $J<0$ となる．したがって，$E_S < E_{AS}$ となり，対称解が基底状態となる．そのため，対称解を結合軌道，反対称解を反結合軌道ともよぶ．対称解の方が低エネルギーとなる物理的理由は水素分子イオンの場合(4.3.2項参照)と同じと考えてよい．また，スピンを含めた波動関数はパウリの原理により反対称でなければならず，基底状態は 1 重項 $^1\Phi_0$ であり，2 個の電子のスピン方向は反平行となる．これがいわゆる共有結合の原因と考えてよい．

●フントの規則と強磁性の原因？

　複数の電子を含む系のエネルギーは，磁場がなければ電子の運動エネルギーと電子間および電子と原子核間のクーロンエネルギーの和で与えられるので，その系の軌道波動関数の形状によって決まる．スピン関数は直接には系のエネルギーに関係しないが，パウリの原理により取り得るスピン配置が決まるので，間接的にスピン方向は系のエネルギーに関係する．さらに踏み込んで，スピン方向により系のエネルギーが決まると見なすこともでき，物質の磁気的性質を論じる場合などこのような立場をとることがある．

　具体的には，5.2節で取り上げたヘリウム原子の励起状態の場合は交換積分のポテンシャル項は正の項のみであり，Jは正となる．したがって，軌道反対称解が基底状態になり，スピン関数は対称解，すなわち$S=1$の3重項が基底状態となる．さらに，たとえばTi^{2+}イオン(電子配置$1s^22s^22p^63s^23p^63d^2$)のように，2個の価電子($3d^2$)が縮退した軌道($3d$軌道)に入り得るとき，異なった軌道にスピン平行で入るほうがエネルギーが低く，やはり3重項状態が基底状態となる．なお，$3d$遷移金属原子や，$4f$原子(希土類原子)などで縮退した軌道に縮退数($3d$では5，$4f$では7)より少ない複数の電子が入るとき，一般的に異なった軌道をスピン平行で占有する．これは，経験的にフント(Hund)の規則として知られており，その原因は正の交換積分による(参考書(6)，p.28，2.3.1項参照)．

　一方，水素分子の場合は交換積分Jは負でスピン1重項，すなわちスピン反平行状態が基底状態であったが，2原子間の交換積分はポテンシャル項((5-59)式の括弧内)に正・負の項を含み正の値をとることもあり得る．Jが正であればスピン3重項状態，すなわちスピン平行状態が基底状態となる．かって，2個の原子の$3d$電子間の交換積分は，適当な原子間距離を選べば正の値を取り得ることが指摘され，これが鉄などの強磁性の原因と考えられていたが，より厳密な計算をするとその値は小さく，強磁性の原因とは考えにくいことが明らかにされている．

5.4 多電子系の一般式とハートリーおよびハートリー-フォックの近似法

前節では2個の電子からなる系について論じたが,ここでは,N個の電子が存在する系についての取り扱いを簡単に紹介しておく.N電子系のシュレーディンガー方程式は各々の電子の位置座標を$\boldsymbol{r}_1, \boldsymbol{r}_2, \cdots, \boldsymbol{r}_N$とすると,一般的に

$$-\left(\frac{\hbar^2}{2m_\mathrm{e}}\nabla_1^2 + \frac{\hbar^2}{2m_\mathrm{e}}\nabla_2^2 + \cdots + \frac{\hbar^2}{2m_\mathrm{e}}\nabla_N^2\right)\Psi(\boldsymbol{r}_1, \boldsymbol{r}_2, \cdots, \boldsymbol{r}_N)$$
$$+ V(\boldsymbol{r}_1, \boldsymbol{r}_2, \cdots, \boldsymbol{r}_N)\,\Psi(\boldsymbol{r}_1, \boldsymbol{r}_2, \cdots, \boldsymbol{r}_N)$$
$$= E\Psi(\boldsymbol{r}_1, \boldsymbol{r}_2, \cdots, \boldsymbol{r}_N) \tag{5-62}$$

と書ける.ここで,∇_i^2はi番目の電子についてのラプラシアン

$$\nabla_i^2 = \frac{\partial^2}{\partial x_i^2} + \frac{\partial^2}{\partial y_i^2} + \frac{\partial^2}{\partial z_i^2}$$

である.$V(\boldsymbol{r}_1, \boldsymbol{r}_2, \cdots, \boldsymbol{r}_N)$は問題とする系により異なるが,$i$番目の電子が原子核のように固定した電荷から感じるポテンシャルを$V_0(\boldsymbol{r}_i)$とし,電子i, j間の同士の静電反発力によって生じるポテンシャルを$e^2/4\pi\varepsilon_0|\boldsymbol{r}_i - \boldsymbol{r}_j|$とすれば,$V$は

$$V(\boldsymbol{r}_1, \boldsymbol{r}_2, \cdots, \boldsymbol{r}_N) = \sum_{i=1}^{N} V_0(\boldsymbol{r}_i) + \frac{1}{2}\sum_{i \neq j}\frac{e^2}{4\pi\varepsilon_0|\boldsymbol{r}_i - \boldsymbol{r}_j|} \tag{5-63}$$

で表せる.ここで,右辺第2項に1/2を付けたのは相互作用を2重に勘定しないためである.もし電子間の相互作用ポテンシャル(右辺第2項)を無視してよいなら,ポテンシャルは各電子が感じるポテンシャルの和(右辺第1項)となるので,変数分離法が適用でき,波動関数は各電子の積で表せ,エネルギーは各電子の和となるであろう.すなわち,

$$\Psi(\boldsymbol{r}_1, \boldsymbol{r}_2, \cdots, \boldsymbol{r}_N) = \phi_1(\boldsymbol{r}_1)\phi_2(\boldsymbol{r}_2)\cdots\phi_N(\boldsymbol{r}_N) \tag{5-64}$$

$$E = \varepsilon_1 + \varepsilon_2 + \cdots + \varepsilon_N \tag{5-65}$$

ここで,ε_iは

5.4 多電子系の一般式とハートリーおよびハートリー-フォックの近似法　109

$$-\frac{\hbar^2}{2m_e}\nabla_i^2\psi_i(\boldsymbol{r}_i)+V_0(\boldsymbol{r}_i)\psi_i(\boldsymbol{r}_i)=\varepsilon_i\psi_i(\boldsymbol{r}_i) \tag{5-66}$$

を満たす各電子のエネルギー固有値である．しかし，電子間の相互作用を無視するのはあまりにも乱暴な近似なので，これを取り入れるためいろいろな近似法が考案されている．

5.4.1　ハートリー(Hartree)の近似

ここではまず，ハートリーのセルフコンシステント近似を紹介しておく．はじめに，出発点として電子$(1\sim N)$の波動関数$\psi_1\sim\psi_N$を適当に仮定する．ここでは，とりあえず(5-66)式から求まる，たとえば水素様波動関数を採用するとしよう．ただし，1つの軌道（波動関数）には2個の電子しか入らないというパウリの排他律を破らないように選択する必要がある．今，注目する電子を1とし，それ以外の波動関数は最初に仮定した波動関数$\psi_2\sim\psi_N$とすると，それらの電子の電荷密度は$\rho_i(\boldsymbol{r})=-e|\psi_i(\boldsymbol{r})|^2$で与えられるので，電子1が感じるポテンシャルは

$$\begin{aligned}V_1(\boldsymbol{r}_1)&=V_0(\boldsymbol{r}_1)+\frac{e^2}{4\pi\varepsilon_0}\sum_{i=2}^{N}\int\frac{\rho_i(\boldsymbol{r})}{|\boldsymbol{r}_1-\boldsymbol{r}|}d\boldsymbol{r}\\&=V_0(\boldsymbol{r}_1)+\frac{e^2}{4\pi\varepsilon_0}\sum_{i=2}^{N}\int\frac{|\psi_i(\boldsymbol{r})|^2}{|\boldsymbol{r}_1-\boldsymbol{r}|}d\boldsymbol{r}\end{aligned} \tag{5-67}$$

で与えられる．このようにして求められるポテンシャルを，$V_0(\boldsymbol{r}_1)$の代わりに(5-66)式に代入すれば，数値計算により新しく$\psi_1(\boldsymbol{r}_1)$を求めることができる．同様にして，電子2についても計算できる．こうして求められた，$\psi_2(\boldsymbol{r}_2)$は，$\psi_1(\boldsymbol{r}_1)$を求めるときに仮定した関数と異なるが，かまわず，さらに電子$3\sim N$について同様の計算を実行する．一通り終わったところで，次のステップとして，新しく求めた波動関数の組を出発点として，同様の計算を繰り返す．このようなプロセスを何回か繰り返すと，最初に仮定した波動関数の組が適当であれば，直前のステップで求まった波動関数，あるいはそれらの固有エネルギーと，新しく求まる波動関数，あるいは固有エネルギーの差が小さくな

り，ある一定値に収束するであろう．このような方法を**ハートリーのセルフコンシステント近似**とよぶ．

5.4.2　ハートリー-フォック(Hartree-Fock)の近似

　ハートリー近似ではスピン関数は取り入れられておらず，電子の入れ替えに対して対称であり，パウリの原理を満たしていない．したがって，交換相互作用も取り入れられていない．パウリの原理を満たす試行関数は(5-64)式の代わりに，

$$\Phi(\tau_1, \tau_2, \cdots, \tau_N) = \frac{1}{\sqrt{N!}} \begin{vmatrix} \phi_1(\tau_1) & \phi_1(\tau_2) & \cdots & \phi_1(\tau_N) \\ \phi_2(\tau_1) & \phi_2(\tau_2) & \cdots & \phi_2(\tau_N) \\ \cdots & \cdots & \cdots & \cdots \\ \phi_N(\tau_1) & \phi_N(\tau_2) & \cdots & \phi_N(\tau_N) \end{vmatrix} \quad (5\text{-}68)$$

を使えばよい．ここで，τ_i は(5-42)式で使ったスピン座標も含めた i 番目の電子の座標で，$\phi_j(\tau_i)$ はスピン関数も含めた i 番目の電子の波動関数であり，$\phi_j(\tau_i) = \psi(\boldsymbol{r}_i)\chi(\sigma_i)$ で与えられる．この行列式を**スレーター**(Slater)**行列式**とよぶ．行列式の性質より，この関数は座標の入れ替えに対して反対称であり，パウリの原理を満たしており，さらに，2つの関数が等しい場合，すなわち $\phi_i(\tau) = \phi_j(\tau)$ であれば行列式は0となるのでそのような状態は許されない．ただし，このとき，軌道波動関数が等しくてもスピン関数が異なれば，すなわち，$\phi_i = \psi_i(\boldsymbol{r})\alpha$，$\phi_j = \psi_i(\boldsymbol{r})\beta$ であれば行列式は0とならず，このような状態は許される．これは，1つの軌道には2つまでしか電子は入れないというパウリの禁律に他ならない．このとき2つの電子のスピン方向は反平行でなければならない．また，2個の電子のスピンを含めた座標が等しいとき，すなわち，$\tau_i = \tau_j$ であれば，軌道関数が異なっていても行列式，したがって多電子波動関数 Φ は0となる．この場合，電子の位置座標が等しくてもスピン座標が異なれば，すなわち $\boldsymbol{r}_i = \boldsymbol{r}_j$，$\sigma_i \neq \sigma_j$ であれば，Φ は0とならない．これは，同じ方向のスピンをもった電子が同じ位置を占める確率は0であり，反平行であればそのような制約がないという，パウリの原理から導けるもう1つの重要な性質である．このため，平行スピン対と反平行スピン対間の平均クーロンエネル

5.4 多電子系の一般式とハートリーおよびハートリー-フォックの近似法 111

ギーが異なり,これが交換エネルギーの原因といってもよい.

具体的に波動関数やエネルギーを求めるには,ハートリー法にならって,$\psi_i(\boldsymbol{r}_1)$ を求めるには,はじめに $\psi_1 \sim \psi_N$ を適当に仮定しておき,これらが電子1に与えるポテンシャルを求めて,1電子波動方程式を解き,求まった波動関数をもとに次のステップに進み計算を繰り返すというセルフコンシステント法を採用すればよい.ただ,ハートリー法と異なり,電子1が感じるポテンシャルは単純に他の電子が作る静電ポテンシャル((5-67)式)のような形では与えられず,1電子波動方程式は

$$-\frac{\hbar^2}{2m_e}\nabla^2\psi_i(\boldsymbol{r}_1) + V_0(\boldsymbol{r}_1)\psi_i(\boldsymbol{r}_1) + \frac{e^2}{4\pi\varepsilon_0}\left[\sum_{j=1}^{N}\int\frac{|\psi_j(\boldsymbol{r})|^2}{|\boldsymbol{r}_1-\boldsymbol{r}|}d\boldsymbol{r}\right]\psi_i(\boldsymbol{r}_1)$$

$$-\frac{e^2}{4\pi\varepsilon_0}\left[\sum_{\substack{j=1 \\ \uparrow\uparrow}}^{N}\int\frac{\psi_j(\boldsymbol{r})\psi_i(\boldsymbol{r})}{|\boldsymbol{r}_1-\boldsymbol{r}|}d\boldsymbol{r}\right]\psi_j(\boldsymbol{r}_1) = E_i\psi_i(\boldsymbol{r}_1) \tag{5-69}$$

と,$\psi_j(\boldsymbol{r}_1)$ に対する連立方程式の形で与えられる.ここで,1行目第3項は(5-63)式と同じ他の電子が作る平均の静電場であるが,$j=i$ の項も含めておく.2行目第1項は交換エネルギーを与える項で $\uparrow\uparrow$ は同一スピン方向の電子のみの和をとることを意味する.そのため,$j=i$ でかつ同一スピン方向の電子,すなわち,電子が自分自身に与えるポテンシャルエネルギー(自己エネルギー)は,1行目第3項に現れる同じ成分を打消し方程式に寄与しない.これはパウリの原理を反映したものである.実際にこの連立方程式を解くのは困難で,交換エネルギーの項は,$\boldsymbol{r}_1$ のみの関数として表せる交換ポテンシャルを導入することにより近似が進められるが,詳細は本書のレベルを超えるので参考書(参考書(7),p.40)にゆだねる.

第6章

状態間遷移
―時間を含む摂動論―

6.1 時間を含む波動方程式

これまで述べてきた話はすべて定常状態に関するものであった．すなわち，固有状態，固有エネルギーが求まればその状態はいつまでも続くと考えており，時間経過に伴う変化は考えていなかった．ここでは，時間を含むシュレーディンガー方程式から出発し，状態間遷移の確率を求める．

時間を含むより一般的なシュレーディンガー波動方程式は，

$$\left\{-\frac{\hbar^2}{2m}\nabla^2 + V(\boldsymbol{r},t)\right\}\phi(\boldsymbol{r},t) = i\hbar\frac{\partial}{\partial t}\phi(\boldsymbol{r},t) \tag{6-1}$$

で与えられる．これまで扱ってきたのはポテンシャル $V(\boldsymbol{r},t)$ に時間を含まない場合であり，このときは，

$$\phi(\boldsymbol{r},t) = \psi(\boldsymbol{r})e^{-iEt/\hbar} \tag{6-2}$$

と置くことにより変数分離が可能で，これを(6-1)式に代入すると，時間を含まないシュレーディンガー方程式((2-1)式)が得られる．また状態関数についても，物理的に意味のある確率密度は，$\phi^*\phi = \psi^*e^{iEt/\hbar}\psi e^{-iEt/\hbar} = \psi^*\psi$ と時間を含まない．しかし，ポテンシャル V が時間的に変動する場合は変数分離で解くことができず，より一般的に求める必要がある．ここでは，時間 $t=0$ までは，時間に依存しないポテンシャル V_0 中で定常状態にあり，$t=0$ から時間に依存する摂動ポテンシャル $V'(t)$ を与えたとき，すなわち，

$$(\mathcal{H}^0 + V')\phi(\boldsymbol{r},t) = i\hbar\frac{\partial}{\partial t}\phi(\boldsymbol{r},t) \tag{6-3}$$

で与えられる系の状態変化を調べる．

今 V_0 中での定常解は求められており，その固有関数は $\phi_n^0(\boldsymbol{r})$，固有エネルギーは E_n であるとする．すなわち，

$$\mathcal{H}^0 \phi_n^0(\boldsymbol{r}, t) = i\hbar \frac{\partial}{\partial t} \phi_n^0(\boldsymbol{r}, t) \tag{6-4}$$

$t<0$ では，ある固有状態 $\phi_n^0 = \psi_n^0 e^{-iE_n t/\hbar}$ にあったとして，その後摂動ポテンシャル V' をかけると状態は変化する．時間 t 後の状態関数を $\phi(\boldsymbol{r}, t)$ で表すと，ϕ_n^0 は完全直交系を作るのでその 1 次結合

$$\phi(\boldsymbol{r}, t) = \sum_j a_j(t) \phi_j^0(\boldsymbol{r}, t) \tag{6-5}$$

で表せるはずである．この式を (6-3) 式に代入すると，

$$\sum_j a_j(t) \mathcal{H}^0 \phi_j^0 + \sum_j a_j(t) V' \phi_j^0 = i\hbar \sum_j \left(\frac{\partial}{\partial t} a_j(t)\right) \phi_j^0 + i\hbar \sum_j a_j(t) \frac{\partial \phi_j^0}{\partial t} \tag{6-6}$$

となり，(6-4) 式より左辺第 1 項と右辺第 2 項は打ち消し合い，

$$i\hbar \sum_j \frac{\partial a(t)}{\partial t} \phi_j^0 = \sum_j a_j(t) V' \phi_j^0 \tag{6-7}$$

が成り立つ．$\phi_j^0(\boldsymbol{r}, t) = \psi_j^0 e^{-iE_j t/\hbar}$ であることに留意し，この式の両辺に $\phi_n^{0*}(\boldsymbol{r}, t)$ をかけて空間積分をすると，ψ_j^0 は直交関数なので，左辺は $j=n$ のとき以外は 0 となり，

$$\frac{\partial}{\partial t} a_n(t) = -\frac{i}{\hbar} \sum_j a_j(t) \int \phi_n^{0*} V' \phi_j^0 d\boldsymbol{r} \tag{6-8}$$

と係数 $a_n(t)$ の時間変化率が求まる．以下に具体的な例として基底状態にある水素原子を原子半径より十分波長の長い電磁波中に置いたときの，時間変化，特に時間 t 後に励起状態 n へ遷移する確率を求める．

6.2 水素原子の遷移確率

電磁波はいうまでもなく電場と磁場がマクスウェル方程式に従って波動とし

6.2 水素原子の遷移確率

て伝搬するわけであるが，これを基底状態にある水素原子に当てると，その電場成分が，4.2.1項，例2で例示したシュタルク効果と同じ原理で電気双極子を誘起し，電場は時間的に振動しているので，電子雲を揺さぶり励起状態に遷移することが予想される．電磁波の波長が電子軌道の直径より十分大きく，電場成分がz方向に振動する直線偏光を照射した場合，電子が電磁波より受けるポテンシャルは

$$V'(r, t) = e\mathbb{E}z \cos \omega t = \frac{1}{2} e\mathbb{E}z (e^{i\omega t} + e^{-i\omega t}) \tag{6-9}$$

で与えられる．この摂動ポテンシャルをt時間与えた後，n番目の準位に励起される確率を(6-8)式から求める．

初期状態$(t=0)$は$a_0 = a_{1s} = 1, a_n = 0$なので，摂動ポテンシャルを与えた直後では(6-8)式は，

$$\frac{da_n}{dt} = -\frac{i}{2\hbar} e\mathbb{E} \int \phi_n^{0*} z \phi_0^0 d\boldsymbol{r} \cdot \{e^{i\omega t} + e^{-i\omega t}\}$$

$$= -\frac{i}{2\hbar} \mathcal{H}'_{n0} \left\{ e^{\frac{i}{\hbar}(E_n - E_0 + \hbar\omega)t} + e^{\frac{i}{\hbar}(E_n - E_0 - \hbar\omega)} \right\}$$

$$\mathcal{H}'_{nm} = e\mathbb{E}_0 \int \phi_n^{0*} z \psi_m^0 d\boldsymbol{r} \tag{6-10}$$

と書け，これをtで積分すると，

$$a_n(t) = \mathcal{H}'_{n0} \left\{ \frac{1 - e^{\frac{i}{\hbar}(E_n - E_0 + \hbar\omega)t}}{E_n - E_0 + \hbar\omega} + \frac{1 - e^{\frac{i}{\hbar}(E_n - E_0 - \hbar\omega)t}}{E_n - E_0 - \hbar\omega} \right\} \tag{6-11}$$

となる．時間t後に状態nにある確率は，状態関数(6-5)式においてϕ_n^0の係数の2乗，すなわち$a_n^*(t)a_n(t)$で与えられる．$E_n - E_0 > 0$なので，括弧内第2項のみ分母が0となり大きな値を取り得るので第1項は省略し計算すると

$$a_n^*(t)a_n(t) = 4|\mathcal{H}'_{n0}|^2 \frac{\sin^2\{(E_n - E_0 - \hbar\omega)t/2\hbar\}}{(E_n - E_0 - \hbar\omega)^2} \tag{6-12}$$

が得られる．

ここで，関数$\frac{\sin^2 x}{x^2}$は図6-1に示すように，$x=0$で鋭いピークを示す．し

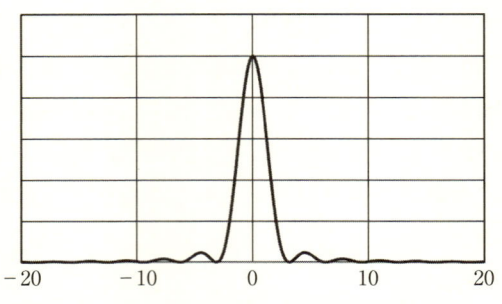

図 6-1 $\sin^2 x/x^2$ のグラフ．最大値は 1.0.

たがって，$\hbar\omega = E_n - E_0$ のとき，すなわち**入射電磁波のエネルギーが状態間のエネルギー準位の差に等しいときのみ遷移を起こし得る**．これはエネルギー保存則から当然の結果である．ただし，これは必要条件であり，実際に遷移が生じるためには**状態間の行列要素が** $\mathcal{H}'_{0n} \neq 0$ **を満たさなければならない**．水素原子の場合 4.2.1 項で述べたように，p_z 状態のみが非対角要素をもち励起される．状態間遷移についてはいろいろな選択則が知られているが，これらは $\mathcal{H}'_{nm} \neq 0$ を与えるものである．

付録 A　変数分離法

$\psi(x, y, z) = X(x) \cdot Y(y) \cdot Z(z)$, $E = \varepsilon_x + \varepsilon_y + \varepsilon_z$ と置き, シュレーディンガー方程式(2-1)式に代入すると,

$$-\frac{\hbar^2}{2m}\frac{\partial^2 X}{\partial x^2} \cdot Y \cdot Z + [V_x(x) - \varepsilon_x] X \cdot Y \cdot Z$$

$$-\frac{\hbar^2}{2m}\frac{\partial^2 Y}{\partial y^2} \cdot X \cdot Z + [V_y(y) - \varepsilon_y] X \cdot Y \cdot Z$$

$$-\frac{\hbar^2}{2m}\frac{\partial^2 Z}{\partial z^2} \cdot X \cdot Y + [V_z(z) - \varepsilon_z] X \cdot Y \cdot Z = 0 \quad \text{(A-1)}$$

と書ける. この式を $X(x) Y(y) Z(z)$ で割ると,

$$\left[-\frac{\hbar^2}{2m}\frac{1}{X}\frac{\partial^2 X}{\partial x^2} + V_x(x) - \varepsilon_x\right] + \left[-\frac{\hbar^2}{2m}\frac{1}{Y}\frac{\partial^2 Y}{\partial y^2} + V_y(y) - \varepsilon_y\right]$$

$$+ \left[-\frac{\hbar^2}{2m}\frac{1}{Z}\frac{\partial^2 Z}{\partial z^2} + V_z(z) - \varepsilon_z\right] = 0 \quad \text{(A-2)}$$

となり, x, y, z は独立変数, かつ各 [ ] 内は 1 つの変数のみの等式なので各項が 0 でなければならない. すなわち,

$$-\frac{\hbar^2}{2m}\frac{\partial^2 X(x)}{\partial x^2} + V_x(x) X(x) = \varepsilon_x X(x),$$

$$-\frac{\hbar^2}{2m}\frac{\partial^2 Y(y)}{\partial y^2} + V_y(y) Y(y) = \varepsilon_y Y(y),$$

$$-\frac{\hbar^2}{2m}\frac{\partial^2 Z(z)}{\partial z^2} + V_z(z) Z(z) = \varepsilon_z Z(z) \quad \text{(A-3)}$$

と 1 次元の式を解けばよい.

付録 B　軌道角運動量の関係式((3-33)式)の証明

(3-28)式および(3-31)式より

$$l_+ = l_x + il_y = \frac{1}{i}\left(-\sin\phi\frac{\partial}{\partial\theta} - \cot\theta\cos\phi\frac{\partial}{\partial\phi}\right) + \cos\phi\frac{\partial}{\partial\theta} - \cot\theta\sin\phi\frac{\partial}{\partial\phi}$$

$$= e^{i\phi}\frac{\partial}{\partial\theta} + ie^{i\phi}\cot\theta\frac{\partial}{\partial\phi} \tag{B-1}$$

一方, ルジャンドル陪関数の公式より, $-1 < z < 1$ を満たす実数に対して

$$\left\{\sqrt{1-z^2}\frac{d}{dz} + mz(1-z^2)^{-1/2}\right\}P_l^m(z) = P_l^{m+1}(z) \tag{B-2}$$

が成り立ち, $z = \cos\theta$ と置き, 変数を変換すると

$$\left\{\frac{d}{d\theta} - m\cot\theta\right\}P_l^m(\cos\theta) = -P_l^{m+1}(\cos\theta) \tag{B-3}$$

したがって,

$$\frac{d}{d\theta}P_l^m(\cos\theta) = m\cot\theta P_l^m(\cos\theta) - P_l^{m+1}(\cos\theta) \tag{B-4}$$

を得る. 軌道角運動量量子数 l, m の波動関数は(2-81)式より

$$Y_l^m(\theta,\phi) = (-1)^{(m+|m|)/2}\sqrt{\frac{2l+1}{4\pi}\frac{(l-|m|)!}{(l+|m|)!}}P_l^{|m|}(\cos\theta)e^{im\phi}$$

$$= A_{lm}P_l^{|m|}(\cos\theta)e^{im\phi} \tag{B-5}$$

で与えられ, この関数に(B-1)式で与えられる演算子 l_+ を作用させ, (B-4)式を使い計算すると

$$l_+ Y_l^m(\theta,\phi) = A_{lm}\left\{e^{i\phi}\frac{\partial}{\partial\theta}P_l^m(\cos\theta)e^{im\phi} + ie^{i\phi}\cot\theta\frac{\partial}{\partial\phi}P_l^m(\cos\theta)e^{im\phi}\right\}$$

$$= A_{lm}\{m\cot\theta P_l^m(\cos\theta) - P_l^{m+1}(\cos\theta)\}e^{i(m+1)\phi}$$

$$\quad - A_{ml}\, m\cot\theta P_l^m(\cos\theta)e^{i(m+1)\phi}$$

$$= -A_{lm}P_l^{m+1}(\cos\theta)e^{i(m+1)\phi}$$

付録 B 軌道角運動量の関係式((3-33)式)の証明

$$= -(-1)^{(m+|m|)/2}\sqrt{\frac{2l+1}{4\pi}\frac{(l-|m|)!}{(l+|m|)!}}P_l^{m+1}(\cos\theta)e^{i(m+1)\phi}$$

$$= (-1)^{(m+1+|m+1|)/2}\sqrt{(l-m)(l+m+1)}$$

$$\sqrt{\frac{2l+1}{4\pi}\frac{(l-|m+1|)!}{(l+|m+1|)!}}P_l^{m+1}(\cos\theta)e^{i(m+1)\phi}$$

$$= \sqrt{(l-m)(l+m+1)}\,Y_l^{m+1}(\theta,\phi) \tag{B-6}$$

と(3-33a)式が導ける．l_- についても同様の計算により(3-33b)式が導ける．

付録 C　関係式 $S = \lim_{L \to \infty} L^{-1} \int_{-L/2}^{L/2} \exp[i(k'-k)x]\,dx = \delta(k'-k)$ の証明

（1）　$k' = k$ の場合

$$S = \frac{1}{L}\int_{-L/2}^{L/2} dx = \frac{1}{L}[x]_{-L/2}^{L/2} = 1 \tag{C-1}$$

（2）　$k' \neq k$ の場合（$k'' = k' - k$ とする）

$$S = \frac{1}{L}\int_{-L/2}^{L/2}[\cos(k''x) + i\sin(k''x)]\,dx$$

$$= \frac{1}{Lk''}\left|\sin(k''x) - i\cos(k''x)\right|_{-L/2}^{L/2} \tag{C-2}$$

故に，

$$|S| \leq \left|\frac{2}{Lk''}\right| \tag{C-3}$$

したがって，$L \to \infty$ の極限では

$$S = \lim_{L \to \infty} L^{-1}\int_{-\infty}^{\infty}\exp\{i(k'-k)x\} = \delta(k'-k) = \begin{cases} 1 \text{ for } k' = k \\ 0 \text{ for } k' \neq k \end{cases} \tag{C-4}$$

が成り立つ．

参　考　書

（１）　志賀正幸：材料科学者のための固体物理学入門(内田老鶴圃 2008)
（２）　志賀正幸：材料科学者のための統計熱力学入門(内田老鶴圃 2013)
（３）　小出昭一郎：量子力学（Ⅰ）(改訂版)(裳華房 1990)
（４）　ディラック：量子力学(岩波書店 2004)
（５）　大岩正芳：初等量子化学　第Ⅱ版(化学同人 1982)
（６）　志賀正幸：磁性入門(内田老鶴圃 2007)
（７）　和光信也：コンピュータでみる固体の中の電子(講談社 1992)

演習問題解答

演習問題 2-1

図 2-4 より (2-30) 式で表せる ξ, η 平面の円の半径が $3\pi/2$ より大きければ 4 つの交点をもつ. すなわち

$$\frac{mL^2}{2\hbar^2}V_0 > \frac{3\pi}{2}$$

が条件となる.

演習問題 2-2

（1）各辺の長さが異なる直方体箱の中の電子の波動関数は (2-35) 式に対応して

$$\psi(x, y, z) = A \sin(k_{n_x} x) \cdot \sin(k_{n_y} y) \cdot \sin(k_{n_z} z)$$

$$k_{n_x} = \frac{\pi n_x}{L_x}, \quad k_{n_y} = \frac{\pi n_y}{L_y}, \quad k_{n_z} = \frac{\pi n_z}{L_z}$$

$$n_x, n_y, n_z = 1, 2, \cdots \quad 正整数$$

となる. したがって, 固有エネルギーは

$$\varepsilon = \frac{\pi^2 \hbar^2}{2m}\left\{\left(\frac{n_x}{L_x}\right)^2 + \left(\frac{n_y}{L_y}\right)^2 + \left(\frac{n_z}{L_z}\right)^2\right\}$$

で与えられる.

（2）最低エネルギーは $n_x = n_y = n_z = 1$ のとき得られる. そのときのエネルギーは

$$\varepsilon_0 = \frac{\pi^2 \hbar^2}{2m}\left\{\left(\frac{1}{L}\right)^2 + \left(\frac{1}{L}\right)^2 + \left(\frac{1}{2L}\right)^2\right\} = \frac{\pi^2 \hbar^2}{2mL^2}\left(1+1+\frac{1}{4}\right) = 2.25\frac{\pi^2 \hbar^2}{2mL^2}$$

したがって, 一般のエネルギー準位は

$$\frac{\varepsilon_{n_x, n_y, n_z}}{\varepsilon_0} = \frac{(n_x^2 + n_y^2 + 0.25 n_z^2)}{2.25}$$

以下の表はエネルギーが小さい順にそのときの n_x, n_y, n_z と上式分子の括弧内の値を示す.

準位	n_x	n_y	n_z	$2.25 \times \varepsilon_n/\varepsilon_0$	縮退数
0(基底)	1	1	1	2.25	1
1	1	1	2	3.00	1
2	1	1	3	4.25	1
3	1	2	1	5.25	2
	2	1	1		
4	1	1	4	6.00	3
	1	2	2		
	2	1	2		
5	1	2	3	7.25	2
	2	1	3		
6	1	1	5	8.25	2
	2	2	1		
7	1	2	4	9.00	3
	2	1	4		
	2	2	2		

演習問題 2-3

（1） (2-48)式より
$$H_5(\xi) = 32\xi^5 - 160\xi^3 + 120\xi$$
したがって，(2-53)式より
$$\phi_5(x) = \left(\frac{\sqrt{2m\omega/\hbar}}{3840}\right)^{1/2} e^{-m\omega x^2/2\hbar} H_5\left(\sqrt{\frac{m\omega}{\hbar}}\, x\right)$$

（2） 古典振動子のエネルギーは最大変位を $x_{\max}$ とすると $E = \dfrac{m\omega^2}{2} x_{\max}^2$ なので量子力学における n 番目の固有エネルギーと等しくなる条件は
$$\frac{m\omega^2}{2} x_{\max}^2 = \left(n + \frac{1}{2}\right)\hbar\omega$$
で与えられる．$\xi = \sqrt{m\omega/\hbar}\, x$ ((2-39)式)に変換すると
$$\xi_{\max} = \sqrt{2n+1}$$
となり，$n=5$ に対しては $\xi_{\max} = \sqrt{11} = 3.317$ が得られる．

演習問題 2-4

(2-90)式より $E_1 = -2.1799 \times 10^{-18}$ J, $E_2 = -0.5458 \times 10^{-18}$ J

$\Delta E = 1.6349 \times 10^{-18}$ J $= 10.205$ eV

$\lambda = 121.502$ nm

演習問題 3-1

(3-5)式より

$$\langle p \rangle = \frac{\frac{\hbar}{i}\int_0^L \sin(kx)\frac{d}{dx}\sin(kx)\,dx}{\int_0^L \sin^2(kx)\,dx} = \frac{\hbar k}{i}\frac{\int_0^L \sin(kx)\cos(kx)\,dx}{\int_0^L \sin^2(kx)\,dx}$$

$k = \dfrac{\pi}{L}n$ $(n: 1, 2, \cdots)$ ((2-13)式)に注意して，分母分子を計算すると，

$$\textbf{分子} = \int_0^L \sin(kx)\cos(kx)\,dx = \frac{1}{2}\int_0^L \sin(2kx)\,dx = -\frac{1}{4k}[\cos(2kx)]_0^L$$

$$= -\frac{1}{4k}\left\{\cos\left(\frac{2\pi n}{L}L\right) - 1\right\} = 0$$

$$\textbf{分母} = \int_0^L \sin^2(kx)\,dx = \int_0^L \{1 - \cos(2kx)\}\,dx = L - \frac{1}{2k}[\sin(2kx)]_0^L$$

$$= L - \frac{1}{2k}\sin\left\{\frac{2\pi n}{L}L\right\} = L$$

故に $\langle p \rangle = 0$

同様に，

$$\langle x \rangle = \frac{\int_0^L x\sin^2(kx)\,dx}{\int_0^L \sin^2(kx)\,dx} = \frac{\int_0^L x\{1-\cos(2kx)\}\,dx}{\int_0^L \{1-\cos(2kx)\}\,dx}$$

各積分を計算すると

$$\int_0^L dx = L, \quad \int_0^L x\,dx = \frac{L^2}{2}, \quad \int_0^L \cos(2kx)\,dx = \frac{1}{2k}\left[\sin\left(\frac{2\pi n}{L}L\right)\right] = 0$$

$$\int_0^L x\cos(2kx)\,dx = \left[\frac{1}{2k}\sin\left(\frac{2\pi n}{L}x\right)\right]_0^L - \frac{1}{2k}\int_0^L \cos(2kx)\,dx = 0$$

故に

演習問題 3-2

$j^2 = \dfrac{1}{2}(j_+ j_- + j_- j_+) + j_z^2$ ((3-40)式) なので, $j_+ j_- \chi_j^m$, $j_- j_+ \chi_j^m$, $j_z^2 \chi_j^m$ を計算すればよい.

$$\begin{aligned} j_+ j_- \chi_j^m &= \sqrt{(j+m)(j-m+1)}\, j_+ \chi_j^{m-1} \\ &= \sqrt{(j+m)(j-m+1)}\sqrt{\{j-(m-1)\}\{j+(m-1)+1\}}\,\chi_j^m \\ &= (j+m)(j-m+1)\chi_j^m \end{aligned}$$

同様に
$$j_- j_+ \chi_j^m = (j-m)(j+m+1)\chi_j^m$$
$$j_z^2 \chi_j^m = j_z j_z \chi_j^m = m j_z \chi_j^m = m^2 \chi_j^m$$

したがって,
$$\begin{aligned} j^2 \chi_j^m &= \left\{\dfrac{1}{2}(j_+ j_- + j_- j_+) + j_z^2\right\}\chi_j^m \\ &= \left\{\dfrac{(j+m)(j-m+1) + (j-m)(j+m+1)}{2} + m^2\right\}\chi_j^m \\ &= j(j+1)\chi_j^m \end{aligned}$$

演習問題 3-3

$$j_z = \dfrac{1}{2}\begin{pmatrix} 3 & 0 & 0 & 0 \\ 0 & 1 & 0 & 0 \\ 0 & 0 & -1 & 0 \\ 0 & 0 & 0 & -3 \end{pmatrix}$$

$$j_+ = \begin{pmatrix} 0 & \sqrt{3} & 0 & 0 \\ 0 & 0 & 2 & 0 \\ 0 & 0 & 0 & \sqrt{3} \\ 0 & 0 & 0 & 0 \end{pmatrix}$$

$$j_- = \begin{pmatrix} 0 & 0 & 0 & 0 \\ \sqrt{3} & 0 & 0 & 0 \\ 0 & 2 & 0 & 0 \\ 0 & 0 & \sqrt{3} & 0 \end{pmatrix}$$

演習問題 3-4

半径 r の円軌道を接線速度 v で回転する電子を円電流と見なすと，電流値は電荷 $-e$ が1秒間に軌道断面を通過する回数に等しいので，$I = -e(v/2\pi r)$ で与えられる．また，電磁気学より内面積 $S = \pi r^2$ の微小円環を流れる電流が作る磁気モーメントは $\mu = IS$ に等しい．したがって，

$$\mu = IS = -\frac{evr}{2}$$

となる．一方，角運動量は $l = mvr$ でありボーアモデルでは $l = n\hbar$ でなければならず，$n = 1$ の基底状態に対して，

$$\mu = \mu_\mathrm{B} = \frac{e\hbar}{2m_\mathrm{e}} = 9.2740 \times 10^{-24}\,\mathrm{J/T}$$

が得られる．

演習問題 4-1

基底状態の波動関数は (2-53) 式において $n = 0$ として，

$$\phi_0^0 = \left(\frac{2m\omega}{h}\right)^{1/4} e^{-m\omega x^2/2\hbar} = \left(\frac{2m\omega}{h}\right)^{1/4} e^{-\xi^2/2}, \quad \xi = \sqrt{\frac{m\omega}{\hbar}}\,x$$

で与えられる．したがって，1次の摂動エネルギーは

$$\Delta E^{(1)} = a\int_{-\infty}^{\infty} x^4 \{\phi_0^0(x)\}^2 dx = a\frac{\hbar^2}{\sqrt{\pi}\,m^2\omega^2}\int_{-\infty}^{\infty} \xi^4 e^{-\xi^2} d\xi = a\frac{3}{4}\frac{\hbar^2}{m^2\omega^2}$$

となる．ここで，数学公式

$$\int_0^\infty e^{-q\xi^2} \xi^{2n} d\xi = \frac{1\cdot 3\cdot 5\cdots(2n-1)}{(2q)^n}\frac{1}{2}\sqrt{\frac{\pi}{q}}$$

を使った．

演習問題 4-2

$k = \pm\pi/a$ のときは $\varepsilon_{k=\pi/a} = \varepsilon_{k'=-\pi/a}$ であり縮退した状態に対する摂動計算が必要である．この場合 (4-61) 式に対応する永年方程式は，(4-49) 式を使うと，

$$\begin{vmatrix} \mathcal{H}'_{kk} - E^{(1)} & \mathcal{H}'_{kk'} \\ \mathcal{H}'_{k'k} & \mathcal{H}'_{k'k'} - E^{(1)} \end{vmatrix} = \begin{vmatrix} -E^{(1)} & \dfrac{U}{2} \\ \dfrac{U}{2} & -E^{(1)} \end{vmatrix} = 0$$

で与えられ，解 $E_{k=\pi/a}^{(1)} = \pm \dfrac{U}{2}$ を得る．すなわち，$k=\pi/a$ において大きさ U のエネルギーギャップが生じる．同様に $k=-\pi/a$ においてもエネルギーギャップが生じる．

索　引

あ
アインシュタイン……………………4

い
$1s$ 状態……………………………40
1 次元進行波型自由電子 ……………48
1 次摂動……………………………71
1 次変分関数 ………………………87
1 重項 ……………………………104
　　　――状態……………………101
位置と運動量の不確定性関係………50

う
ウィーン……………………………2
運動量………………………………45
　　　――固有値……………………48

え
永年方程式…………………… 80, 89
エネルギーギャップ………………77
エネルギー固有値…………………16
エネルギー粒子……………………4
エルミート多項式…………………28
エルミートの微分方程式…………28
演算子………………………………45

お
オイラー–ラグランジュの運動方程式
………………………………………63

か
角運動量演算子の定義……………57
角運動量に関する不確定性原理……55

き
角運動量の演算子…………………53
角運動量の絶対値…………………55
角運動量のベクトルモデル…………56
確率密度……………………………13
荷電粒子……………………………62
完全規格直交系……………………67

き
規格化条件…………………………15
規格化定数……………………20, 29, 48
軌道角運動量が作る磁気モーメント…64
球面調和関数…………………35, 54
　　　――の積分定理…………36, 55
境界条件……………………………16
共有結合……………………………106
行列表示……………………………60
行列力学……………………………60
極座標系……………………………32
　　　――での微分演算子…………32

く
クーロン積分…………………97, 105

け
k 空間 ……………………………51
結合軌道……………………87, 106
結晶場分裂…………………………82
ケット………………………………59
原子軌道法…………………………103

こ
交換エネルギーの原因……………111
交換積分…………………………97, 106

索　引

光子 …………………………………… 5, 101
固有関数 …………………………… 16, 46
固有値 ………………………………………… 46
　　　運動量—— …………………………… 48
　　　エネルギー—— …………………… 16
固有方程式 ………………………………… 46

さ

作用量子 ……………………………………… 3
3 次元自由電子 ………………………… 50
　　　——の波動関数 …………………… 50
3 重項 ……………………………………… 104
　　　——状態 ……………………………… 101
3d 遷移金属原子 …………………… 107

し

時間を含むシュレーディンガー方程式
　…………………………………………… 113
磁気ポテンシャルエネルギー …… 65
磁気量子数 …………………………… 39, 56
軸対称結晶場 …………………………… 80
試行関数 ………………………………… 82
磁場中でのシュレーディンガー方程式
　……………………………………………… 62
周期的境界条件 ………………………… 46
周期ポテンシャル ……………………… 76
自由電子 ………………… 17, 48, 50, 52
　　　1 次元進行波型—— …………… 48
　　　3 次元—— ……………………………… 50
　　　——の状態密度 …………………… 52
　　　——モデル …………………………… 17
縮退 ……………………………………………… 16
　　　——がある状態に対する摂動法 … 78
　　　——度 ………………………………… 16
シュタルク効果 ………………………… 74
主量子数 ………………………………… 39
シュレーディンガー ………………… 11

シュレーディンガー方程式 ……… 15
　　　時間を含む—— ………………… 113
　　　磁場中での—— ………………… 62
昇降演算子 ………………………………… 54
状態間遷移 ……………………………… 113
　　　——の確率 …………………………… 113
状態間の行列要素 …………………… 116
状態密度 …………………………………… 51

す

水素原子の遷移確率 ………………… 114
水素原子の分極 ……………… 74, 75, 83
水素分子 ………………………………… 102
　　　——イオン …………………………… 84
水素様原子 ……………………………… 31
　　　——の軌道角運動量 ……………… 53
　　　——の波動関数 …………………… 39
スピン角運動量 ………………… 56, 58, 98
　　　——の演算子 ……………………… 98
　　　——の行列表示 …………………… 60
スピン状態関数 ………………………… 58
スレーター行列式 …………………… 110

せ

ゼーマン ……………………………………… 11
摂動ハミルトニアン …………………… 69
摂動法 ………………………………………… 69
　　　縮退がある状態に対する—— … 78
摂動ポテンシャル ……………………… 69
摂動を受けた波動関数 ……………… 72
節面 ……………………………………………… 43
全角運動量 ………………………………… 57
漸化式 ………………………………………… 28
選択則 ……………………………………… 116

そ

相互作用ポテンシャル ………… 92, 108

索　引

束縛解……………………………………22

た
対応原理……………………………………30
対称解………………………………86, 98, 101
多重度………………………………………101

ち
調和振動子……………………………26, 29
直交関係式…………………………………28

て
d 軌道………………………………………41
定常状態……………………………………113
ディラック…………………………………59
デヴィッソン-ガーマー……………………6
電気双極子…………………………………115
電子雲………………………………………13
電子間相互作用……………………93, 95, 97
電子の粒子像………………………………49
電磁波………………………………………114

と
閉じ込められた電子………………………26
ド・ブロイ……………………………………5
　　——の関係式…………………………48
トムソン………………………………………6

な
内殻電子の反磁性…………………………64
長岡半太郎……………………………………7

に
2次元円状膜………………………………42
2次摂動エネルギー………………………72

は
ハートリーのセルフコンシステント近似
　………………………………………109
ハートリー–フォックの近似……………110
ハイゼンベルグ…………………………5, 60
ハイトラー–ロンドンモデル……………103
パウリの禁律…………………………51, 91
パウリの原理………………………91, 101, 104
箱の中の電子…………………………18, 25
波束…………………………………………49
波動関数……………………………………15
　　3次元自由電子の——………………50
　　水素様原子の——……………………39
　　摂動を受けた——……………………72
　　調和振動子の——……………………29
ハミルトニアン……………………………46
　　摂動——…………………………………69
バルマー………………………………………8
　　——の法則……………………………37
反結合軌道……………………………87, 106
反対称解……………………………86, 98, 101
バンド理論…………………………………77

ひ
p 軌道………………………………………41
光のスペクトル………………………………2
比反磁性磁化率……………………………66

ふ
フーリエ級数………………………………68
フーリエ変換………………………………68
フェルミエネルギー………………………52
フェルミ波数………………………………52
フェルミ粒子………………………………101
フォトン……………………………………101
不確定性原理……………………………7, 49
　　角運動量に関する——………………55

索　引

ブラ ·· 60
ブラ・ケット表示 ···························· 59
プランク ··· 2
　　──分布則 ···································· 2
フントの規則 ·································· 107

へ

平均クーロンエネルギー ················ 94
平均値（物理量の）······················· 46
ベクトルポテンシャル ··················· 63
ヘリウム原子 ·································· 91
　　──の励起状態 ························ 96
変数分離法 ································ 25, 30
変分法 ··· 82

ほ

方位量子数 ····································· 39
ボーア ··· 8
　　──磁子 ···································· 65
　　──半径 ································ 9, 38
ボース粒子 ···································· 101
保存量 ··· 64

ゆ

有限ポテンシャル箱 ······················· 20

有効電荷数 ····································· 94

よ

$4f$ 原子 ··· 107

ら

ラグランジアン ······························ 63
ラグランジュ-ハミルトン ············· 62
ラゲールの陪多項式 ······················· 37
ラゲールの陪微分方程式 ················ 37
ラザフォード ···································· 7
ラプラシアン ·································· 92

り

リュードベリ定数 ····························· 9

る

ルジャンドル関数 ·························· 35
ルジャンドルの陪方程式 ················ 34

れ

レイリー-ジーンズ ··························· 2

ろ

ローレンツ力 ·································· 63

著者略歴

志賀 正幸（しが　まさゆき）

1938 年　京都市に生まれる
1961 年　京都大学理学部化学科卒業
1963 年　京都大学大学院理学研究科修士課程修了
1964 年　京都大学工学部金属加工学教室助手，助教授を経て
1989 年　京都大学工学部教授
2002 年　定年退職
京都大学名誉教授　理学博士
専門分野：磁性物理学
主な著書：磁性入門，材料科学者のための固体物理学入門，材料科学者のための固体電子論入門，材料科学者のための電磁気学入門，材料科学者のための量子力学入門，材料科学者のための統計熱力学入門（いずれも内田老鶴圃）他

2013 年 6 月 10 日　第 1 版発行

著者の了解により検印を省略いたします

材料科学者のための
量子力学入門

著　者 ©志　賀　正　幸
発行者　内　田　　　学
印刷者　山　岡　景　仁

発行所　株式会社　内田老鶴圃　〒112-0012 東京都文京区大塚 3 丁目 34-3
電話 (03) 3945-6781(代)・FAX (03) 3945-6782
http://www.rokakuho.co.jp
印刷・製本/三美印刷 K.K.

Published by UCHIDA ROKAKUHO PUBLISHING CO., LTD.
3-34-3 Otsuka, Bunkyo-ku, Tokyo 112-0012, Japan

U. R. No. 599-1

ISBN 978-4-7536-5555-7 C3042

材料科学者のための固体物理学入門
志賀正幸 著 　　　　　　　　　　　　　　　A5判・180頁・本体2800円
 　1 結晶と格子　2 結晶による回折　3 結晶の結合エネルギー　4 格子振動　5 統計熱力学入門　6 固体の比熱　7 量子力学入門　8 自由電子論と金属の比熱・伝導現象　9 周期ポテンシャル中での電子 —エネルギーバンドの形成—

材料科学者のための固体電子論入門　エネルギーバンドと固体の物性
志賀正幸 著 　　　　　　　　　　　　　　　A5判・200頁・本体3200円
 　1 量子力学のおさらいと自由電子論　2 周期ポテンシャルの影響とエネルギーバンド　3 フェルミ面と状態密度　4 金属の基本的性質　5 金属の伝導現象　6 半導体の電子論　7 磁性　8 超伝導

材料科学者のための電磁気学入門
志賀正幸 著 　　　　　　　　　　　　　　　A5判・240頁・本体3200円
 　1 はじめに　2 点電荷のつくる静電場，静電ポテンシャル　3 分散・分布する電荷のつくる静電場　4 物質の電気的性質Ⅰ 絶縁体と誘電率　5 物質の電気的性質Ⅱ 静的平衡状態にある導体　6 物質の電気的性質Ⅲ 定常電流が流れる導体　7 静磁場　8 電磁誘導　9 マクスウェルの方程式と電磁波　10 過渡特性とインピーダンス—交流回路理論の基礎—　11 変動する電磁場中の物質—複素誘電率と物質の光学的性質—　12 $E-H$対応系と物質の磁性

磁性入門　スピンから磁石まで
志賀正幸 著 　　　　　　　　　　　　　　　A5判・236頁・本体3600円
 　1. 序論　2. 原子の磁気モーメント　3. イオン性結晶の常磁性　4. 強磁性（局在モーメントモデル）　5. 反強磁性とフェリ磁性　6. 金属の磁性　7. いろいろな磁性体　8. 磁気異方性と磁歪　9. 磁区の形成と磁区構造　10. 磁化過程と強磁性体の使い方　11. 磁性の応用と磁性材料　12. 磁気の応用

遍歴磁性とスピンゆらぎ
高橋慶紀・吉村一良著　A5・272頁・本体5700円

強相関物質の基礎　原子，分子から固体へ
藤森 淳著　A5・268頁・本体3800円

機能材料としてのホイスラー合金
鹿又 武編著　A5・320頁・本体5700円

イオンビーム工学　イオン・固体相互作用編
藤本文範・小牧研一郎編　A5・376頁・本体6500円

理学と工学のための量子力学入門
H.A.Pohl著　津川昭良訳　A5・180頁・本体1700円

誕生と変遷に学ぶ熱力学の基礎
富永 昭著　A5・224頁・本体2500円

表示価格は税別の本体価格です．　　　　　　http://www.rokakuho.co.jp/